普通高等教育系列教材

计算机应用基础

智 洋 主编

刘冬懿 武 涛 霍旭光 徐 静 李 岩 参编

机械工业出版社

本书选取贴近学生生活的典型案例，按照任务驱动教学法组织编写，既重视基本理论知识的完整性与准确性，又讲求实用性，同时方便自学。本书共 6 章，包括计算机基础知识、Windows 10 操作系统、文字处理软件 Word 2016、电子表格制作软件 Excel 2016、演示文稿制作软件 PowerPoint 2016 和计算机网络。每章配有理论练习题与上机实验题，随书附有答案。另外，附录中提供了 9 套上机练习题。

本书可作为高等院校计算机公共基础课教材，也适合作为全国计算机等级考试的自学参考书或培训教材。

本书配有授课电子课件、习题答案、案例素材，需要的教师可登录 www.cmpedu.com 免费注册，审核通过后即可下载，或联系编辑索取（微信：15910938545，电话：010-88379739）。

图书在版编目（CIP）数据

计算机应用基础/智洋主编. —北京：机械工业出版社，2021.7（2024.8 重印）
普通高等教育系列教材
ISBN 978-7-111-68447-3

Ⅰ. ①计… Ⅱ. ①智… Ⅲ. ①电子计算机-高等学校-教材 Ⅳ. ①TP3

中国版本图书馆 CIP 数据核字（2021）第 110923 号

机械工业出版社（北京市百万庄大街 22 号 邮政编码 100037）
策划编辑：胡 静　　责任编辑：胡 静
责任校对：张艳霞　　责任印制：邵 敏
三河市宏达印刷有限公司印刷

2024 年 8 月第 1 版·第 4 次印刷
184mm×260mm · 15.75 印张 · 390 千字
标准书号：ISBN 978-7-111-68447-3
定价：59.90 元

电话服务　　　　　　　　　　　网络服务
客服电话：010-88361066　　　机 工 官 网：www.cmpbook.com
　　　　　010-88379833　　　机 工 官 博：weibo.com/cmp1952
　　　　　010-68326294　　　金 书 网：www.golden-book.com
封底无防伪标均为盗版　　　机工教育服务网：www.cmpedu.com

前　言

计算机技术发展迅速，计算机应用已深入到社会生活的方方面面，掌握计算机基础知识和基本技能已成为当代大学生甚至是当代公民的一项基本技能。本书是按照教育部高等学校计算机基础课程教学指导委员会的相关要求编写的，同时参照《全国计算机等级考试二级 MS Office 高级应用考试大纲》的要求，既包含基础理论知识，又注重实用的操作技能，既可用作计算机公共基础课程的教材，又可作为全国计算机等级考试（一级计算机基础及 MS Office 应用和二级 MS Office 高级应用）的自学参考书。

本书由长期参加一线教学的教师编写，注重知识的系统性、准确性和实用性，具有如下特点。

1）体现任务驱动教学法思想。尤其是在编写 Office 2016 的 3 个基本软件 Word、Excel 和 PowerPoint 时，采用"任务描述→任务分析→操作步骤→主要知识点"的任务驱动教学方式编写，适合以学生为主体、教师为主导的互动式教学模式。

2）任务的选取贴近学生实际生活。例如，选择了制作海报、简历、毕业论文、成绩单等案例介绍 Office 软件使用。

3）理论思考与实训指导兼顾。本书每章设计了丰富的上机实训练习题和理论思考题，并附有答案。为进一步提高综合应用能力，附录中提供了 9 套上机练习题。

4）配有丰富的电子教案和案例素材。为方便教学，本书提供电子教案和书中涉及的案例素材。

本书共 6 章，各章主要内容如下。

第 1 章计算机基础知识，介绍了计算机的基本概念、系统组成、数制与数制转换、数据单位与字符编码、计算机的性能指标与安全操作及键盘结构与指法训练。

第 2 章 Windows 10 操作系统，介绍了操作系统的基本概念、文件管理、应用程序管理、设置和常用 Windows 软件。

第 3 章文字处理软件 Word 2016，通过制作海报、简历、毕业论文等案例，介绍了 Word 文档编辑与格式化、表格处理、图（包括艺术字、图片、SmartArt 等）文混排及长文档的编辑，包括样式、模板、节的概念和分节、制作目录等方法。另外还对 Word 的其他功能，如邮件合并、引用、审阅与修订等做了简单介绍。

第 4 章电子表格制作软件 Excel 2016，通过制作成绩表、工资表、图书销售表等案例，介绍了 Excel 中数据的输入与单元格格式设置、公式与函数计算、图表的使用及数据管理等。

第 5 章演示文稿制作软件 PowerPoint 2016，通过诗词欣赏、图书介绍等案例，介绍了

PowerPoint 的基本概念、演示文稿的制作、各种对象的插入、动画设计、超级链接及幻灯片的放映等。

第 6 章计算机网络，介绍了计算机网络的基础知识以及如何获取 Internet 上的信息。

本书第 1 章由霍旭光编写，第 2 章由刘冬懿编写，第 3 章由武涛编写，第 4 章由徐静编写，第 5 章由李岩编写，第 6 章由智洋编写。全书由智洋统稿和审定。

由于编者水平有限，书中难免存在疏漏和不足，欢迎读者批评指正。

编　者

目　录

第1章　计算机基础知识

电子计算机的诞生是科学技术发展史上一个重要的里程碑，也是 20 世纪人类最伟大的发明创造之一。计算机是一种能接收和存储信息，按照事先编写并存储在其内部的程序对输入的信息进行加工、处理，然后把处理结果输出的高度自动化的电子设备。随着现代科技的日益发展，计算机以快速、高效、准确等特性，成为人们日常生活与工作的最佳帮手，熟练地操作计算机是每个人必备的技能。

本章从计算机的基础知识讲起，介绍计算机的发展、特点与分类，阐述计算机系统的组成和计算机中数据的存储与运算等知识。

1.1　计算机的发展及应用

1946 年世界上第一台电子计算机在美国宾夕法尼亚大学问世，取名 ENIAC（Electronic Numerical Integrator And Computer，电子数值积分计算机），如图 1-1 所示。ENIAC 占地 170 平方米，重量达 28 吨，虽然外观上是个庞然大物，性能却远逊于现在的微型计算机，但它的出现为人类社会进入信息时代奠定了坚实的基础，对人类社会的进步产生了极其深远的影响。

图 1-1　世界上第一台计算机 ENIAC

如今，计算机的应用已经渗透到社会生活的各个领域，计算机正在改变人们的学习、工作和生活方式，推动社会的飞速发展和文明的提高。

1.1.1 计算机的发展

电子计算机发展迅速，如果按计算机中所采用的电子逻辑器件来划分，可以将计算机的发展划分为四个阶段，又称为四代。

1．第一代计算机：电子管时代（1946—1958 年）

第一代计算机的主要特征是采用电子管作为基本逻辑元件，存储器采用水银延迟电路或电子射线管作为记忆部件，输入/输出主要采用穿孔纸带或卡片，软件使用机器语言或汇编语言编写，特点是运算速度慢、体积较大、重量较重、价格较高、存储容量小、维护困难及应用范围小等，主要应用于科学计算。电子管计算机如图 1-2 所示。

图 1-2　电子管计算机

2．第二代计算机：晶体管时代（1958—1964 年）

第二代计算机的主要特征是采用晶体管作为基本逻辑元件。晶体管具有速度快、寿命长、体积小、重量轻和省电等优点。主存储器采用磁芯，外存储器采用磁盘或磁鼓。这个时期出现了高级语言，计算机运算速度大幅提高，重量和体积显著减小，使用越来越方便，应用越来越广，不仅用于科学计算，还用于数据处理和事务处理等。晶体管计算机如图 1-3 所示。

图 1-3　晶体管计算机

3．第三代计算机：集成电路时代（1964—1970 年）

第三代计算机的主要特征是采用了中小规模集成电路作为基本逻辑元件。半导体的发展催生了集成电路，这个时期的计算机采用半导体存储器作为主存储器，外存储器包括磁盘和磁带，操作系统出现且有了标准化的程序设计语言（Basic 语言）。计算机的功能越来越强、速度更快、可靠性更高、价格明显下降、应用范围更广。集成电路计算机如图 1-4 所示。

图 1-4　集成电路计算机

4．第四代计算机：大规模及超大规模集成电路时代（1970 年至今）

第四代计算机的主要特征是采用了大规模集成电路作为基本逻辑元件。主存储器采用半导体存储器，其集成度越来越高，容量也越来越大，外存储器除了广泛使用磁盘外，还出现了固体硬盘。这一代电子计算机体积进一步缩小，性能进一步提升，发展了并行处理技术和多机系统，产品更新速度更快，软件更丰富。微型机的产生和发展使得计算机应用普及到人类生活的各个领域，第四代计算机的容量之大、速度之快是前几代无法比拟的。第四代计算机天河二号如图 1-5 所示。

图 1-5　我国生产的第四代计算机（巨型机）天河二号

1.1.2 计算机的特点与分类

1．计算机的特点

计算机之所以如此重要，是因为它强大的功能。与以往的计算工具相比，计算机具有以下特点。

（1）运算速度快

计算机的运算速度用每秒执行的指令数来衡量。指令是指挥计算机工作的一系列命令。现代计算机以百万条指令来衡量，数据处理速度相当快。现有的超级计算机运算速度大都可以达到每秒万亿（Trillion，T）次以上。家用计算机根据配置不同，速度也不同，一般能达到每秒十亿次以上。

（2）运算精度高

计算机的运算精度在理论上不受限制，一般的计算机均能达到 15 位有效数字，通过一定的技术手段可以达到几百位以上的有效数字，可见运算精度之高。

（3）存储容量大

计算机可以用存储器来存储海量信息。大容量存储器能记忆大量信息，目前微机系统的内存可以达到几十 GB，外存可以达到几十 TB。

（4）具有复杂的逻辑判断能力

计算机的运算器除了能完成基本的算术运算外，还具有比较、判断等强大的逻辑运算能力，可以帮助用户分析命题是否成立以便做出相应策略。

2．计算机的分类

计算机的种类很多，且分类方法也很多。

（1）按计算机的用途划分

计算机按用途可分为通用计算机和专用计算机两类。通用计算机适用于解决一般性问题，这类计算机使用面广且适应性强，常见的计算机都是通用计算机。专用计算机用于解决特定的问题，功能单一、适应性差，但在特定用途下最有效、最经济、最快捷，配有为解决某一类特定问题的软硬件，如火箭上使用的计算机。

（2）按计算机的规模划分

计算机按规模即按存储容量、运算速度等可分为巨型机、大型机、中型机、小型机、微型机、工作站和服务器。

- 巨型机。即超级计算机，是计算机中功能最强、运算速度最快、存储容量最大的计算机，多用于国家高科技领域和尖端技术研究，是国家发展水平和综合国力的重要标志。例如，国防科学技术大学研制的"天河"、曙光公司研制的"星云"等。
- 小型机。规模较小，成本较低，很容易维护。在速度、存储容量和软件系统的完善方面占有优势。小型机的用途较广，既可用于科学计算和数据处理，又可用于生产过程自动控制和数据采集及分析处理。
- 微型机。采用微处理器芯片，体积小，价格低，使用方便，所以被广泛使用。目前，普通用户使用的多是微型机。

1.1.3 计算机的应用领域

计算机已应用于社会生活的各个领域，大致可以归纳如下。

（1）科学计算

科学计算是计算机的最早应用，可以完成人工无法实现的科学计算，主要是指计算机应用于科学研究和工程技术中所提出的数学问题，如气象预报的数据处理、大型水坝的工程计算等。

（2）数据处理（信息管理）

数据处理是计算机应用的一个重要领域，泛指非科技工程方面的所有计算、管理和任何形式的数据资料的处理，包括办公自动化、信息管理系统和专家系统等。

（3）实时控制

实时控制是计算机在过程控制方面的重要应用。计算机对工业生产的实时控制，不仅可以节省劳动力，减轻劳动强度，提高生产效率，而且可以实现工业生产自动化。实时控制在冶金、电力、石油、机械、化工、航空航天等领域得到了广泛的应用。

（4）计算机辅助系统

计算机辅助系统的应用，可以提高产品设计、生产和检测过程的自动化水平，降低成本、缩短生产周期、改善工作环境、提高产品质量、获得更高的经济效益。计算机辅助系统包括计算机辅助设计（CAD）、计算机辅助教学（CAI）和计算机辅助制造（CAM）等。

（5）人工智能（Artificial Intelligence，AI）

人工智能是指计算机模拟人类的演绎推理和决策等智能活动，是计算机科学、控制论、信息论、语言学、神经生理学、心理学、数学和哲学等多学科互相渗透而发展起来的综合性学科。该领域的研究包括机器人、语言识别、图像识别、自然语言处理和专家系统等。人工智能从诞生以来，理论和技术日益成熟，应用领域也不断扩大，可以设想，未来人工智能带来的科技产品，将会是人类智慧的"容器"。人工智能的应用非常广泛，如模拟医学专家的经验对某一类疾病进行诊断、具有低等智力的机器人等。

（6）云计算（Cloud Computing）

"云"实质上就是一个网络，狭义上讲，云计算就是一种提供资源的网络，使用者可以随时获取"云"上的资源，只要按使用量付费就可以。从广义上说，云计算是与信息技术、软件、互联网相关的一种服务，这种计算资源共享池叫作"云"，云计算把计算资源集合起来，通过软件实现自动化管理，只需要很少的人参与，就能让资源被快速提供。也就是说，计算能力作为一种商品，可以在互联网上流通，就像水、电、煤气一样，可以方便地取用，且价格较为低廉。云计算是继互联网后，计算机在信息时代的革新和飞跃。

1.1.4　计算机的发展趋势

未来的计算机将向巨型化、微型化、网络化、智能化方向发展，将更加广泛地应用于人们的工作和生活当中。

- 巨型化：指制造速度更快、存储更大、功能更强的巨型机。例如，我国的"银河""曙光""星云"系列，及美国的"泰坦""美洲虎"等。
- 微型化：指制造体积更小、集成度更高、价格更低的微型机。
- 网络化：指利用通信技术把不同地理位置的计算机联网以实现更好的资源共享和交流。
- 智能化：指计算机在人工智能方面深入发展，能够更好地模拟人的思维活动。

除上述发展趋势外，人们还在研究光子计算、生物计算、超导计算、纳米计算和量子计算等技术。

- 光子计算：利用光子取代电子进行数据运算、数据存储和数据传输。运算速度比当代计算机快千倍，并具有超强的抗干扰能力和并行处理能力。
- 生物计算：生物芯片的引入使得运算速度比当代计算机快数万倍，而能耗极低。
- 超导计算：目前的超导开关器件要比集成电路快几百倍，能耗仅为其千分之一。
- 纳米计算：纳米技术研制的内存芯片体积只有数百个原子大小，纳米计算几乎不消耗能量，但运算速度可以比硅基芯片快一万倍。
- 量子计算：利用原子的量子特性进行信息处理。由于原子力学叠加性的存在，某些已知的量子算法在处理问题时速度要快于传统的通用计算机。

1.2 计算机的系统组成

1946 年，以美籍匈牙利数学家冯·诺依曼（如图 1-6 所示）为代表的研究人员提出了计算机制造的三个基本原则，为现代计算机的基本结构奠定了基础。目前为止，绝大多数计算机仍采用冯·诺依曼体系结构，其主要思想如下。

- 采用二进制表示计算机的数据和指令。
- 将程序和数据存放在存储器中，并自动执行。
- 计算机有运算器、控制器、存储器、输入设备和输出设备 5 个基本组成部分。

图 1-6　冯·诺依曼
（John von Neumann）

现在人们普遍使用的计算机基本属于微型计算机类，一般把微型计算机简称为计算机（本书以后提到的计算机都是指微型计算机）。一个完整的计算机系统由硬件系统和软件系统两部分组成。硬件系统是计算机系统的物质基础，软件系统是计算机发挥功能的重要保证。计算机系统的组成如图 1-7 所示。

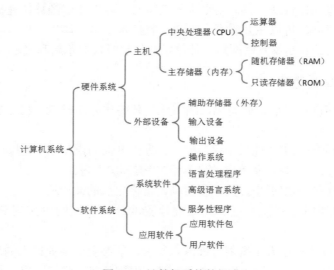

图 1-7　计算机系统的组成

1.2.1　计算机的硬件系统

通俗地讲，硬件就是看得见、摸得着的物理实体，将组成计算机的物理实体进行设计组装好就构成了计算机的硬件系统。硬件系统包括计算机的主机和外部设备，具体由运算器、控制器、存储器（包括主存储器和辅助存储器）、输入设备和输出设备五大部分组成。运算器和控制器合起来叫中央处理器（Control Processing Unit，CPU），是整个计算机的核心，计算机的运算处理功能主要由它完成，同时它控制计算机的其他零部件，从而使得计算机的各个部件协调工作，CPU 的外形如图 1-8 所示。

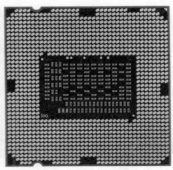

图 1-8　中央处理器（CPU）的正反面

1. 运算器

运算器是用来进行算术运算和逻辑运算的部件，是计算机对信息进行加工的场所。

2. 控制器

控制器是计算机系统的指挥中心，指挥计算机各个零部件的正常工作。

3. 存储器

存储器是具有记忆和暂存功能的部件，是计算机存储信息的仓库，是用于保存程序、数据及运算结果的记忆设备。存储器分为内存储器（简称内存或主存储器）和外存储器（简称外存或辅助存储器）。执行程序时，由控制器将程序从存储器中逐条取出，执行指令。

（1）内存储器

内存主要用来存放当前计算机运行时所需要的程序和数据，CPU 处理数据时可以直接访问内存数据。根据作用的不同内存又可以分为随机存储器和只读存储器。

● 随机存储器（Random Access Memory，RAM）。计算机运行时，系统程序、应用程序及用户数据都临时存放在 RAM 中，关机或断电时，其中的信息将随之消失，随机存储器如图 1-9 所示

图 1-9　随机存储器（内存条）

● 只读存储器（Read-Only Memory，ROM）。只能从中读取信息，而不能写入信息。当断电或关机时，其中的信息仍能保留，只读存储器如图 1-10 所示。

（2）外存储器

外存用来存放所有的程序和数据，CPU 不能直接访问。外存包括硬盘、光盘、移动存储（一般指 U 盘和移动硬盘）等。外存的特点是存储容量大，相对于内存而言，读/写速度慢且价格较便宜。

● 硬盘。由盘片、驱动器和控制器等部分组成，硬盘存储器的盘片和驱动器为一体，即使在断电的情况下硬盘中的信息也不会丢失，如图 1-11 所示。因此，通常把文件和程序存放在硬盘中。

图 1-10　只读存储器

图 1-11　硬盘及硬盘内部结构图

● 光盘。光盘驱动器就是平常所说的光驱，是一种读/写光盘中信息的设备，光盘驱动器中可以放光盘，如图 1-12 所示。

图 1-12　光驱（带光盘）

● 移动存储器。移动存储器是目前被广泛使用的外存，包含体积较大的移动硬盘和体积较小的 U 盘，如图 1-13 所示。

图 1-13　移动硬盘和 U 盘

另外，由于 CPU 与内存之间存在很大的速度差别，为了减少这些差别，在 CPU 和内存之间设置了一种特殊的存储器——高速缓冲存储器（Cache），Cache 位于 CPU 内部，它的读/写速度远远高于内存，在 CPU 与内存交换数据时起到缓存作用。

4．总线和主板

（1）总线

总线是系统部件之间传送信息的通道，是计算机中各种信号连接的总称，一般分为数据总线、地址总线和控制总线三种。

● 数据总线，主要用来传送各类数据信息。
● 地址总线，主要用来传送 CPU 发出的地址信息。
● 控制总线，主要用来传送各类控制信号。

（2）主板

主板又称母版，是计算机中的主体硬件。计算机主机内的各个部件都是通过一定的方式连接到主板上，主板结构如图 1-14 所示。

图 1-14　主板结构

5．输入设备

输入设备是计算机接收外来信息的设备，用户用它来输入程序、数据和命令。在传送过程中，它先把各种信息转化为计算机所能识别的电信号，然后传入计算机。常用的输入设备有键盘、鼠标、扫描仪等。不同的输入设备性能差别很大，输入设备与主机通过一个称为"接口电路"的部件相连，实现信息交换。

6．输出设备

输出设备与输入设备相反，是用来显示 CPU 处理结果的部件。通常使用的输出设备有显示器、打印机、绘图仪等。

显示器又称监视器，目前通常使用的显示器是液晶显示器，液晶显示器的主要技术指标是屏幕尺寸和分辨率，液晶显示器的屏幕尺寸是指液晶面板的对角线尺寸。分辨率是对图像的精密度的一种度量。分辨率可以从显示分辨率与图像分辨率两个方向来分类。图像分辨率是单位英寸中所包含的像素点数。显示分辨率是屏幕图像的精密度，是指显示器所能显示的像素有多少。显示分辨率有流畅、标清、高清、超清等说法。

- 流畅分辨率是指行列像素数为 640×360。
- 标清分辨率是指行列像素数为 960×540。
- 高清分辨率是指行列像素数为 1280×720。
- 超清分辨率是指行列像素数为 1600×900。
- 1080P 分辨率是指行列像素数为 1920×1080。
- 2K 分辨率是指行列像素数为 2048×1080。
- 4K 分辨率（超高清）是指行列像素数为 3840×2160。

打印机用来打印程序结果、图形和文字资料等。打印机的种类很多，按照工作方式可分为针式打印机、喷墨打印机和激光打印机。

1.2.2 计算机的软件系统

软件是指计算机系统中使用的各种程序，而软件系统是指控制整个计算机硬件系统工作的程序集合。软件系统的主要作用是使得计算机性能得到充分的发挥，人们通过软件系统可以实现不同的功能。

计算机的软件系统可以分为系统软件和应用软件两大类。

1．系统软件

系统软件负责管理计算机系统中各个独立的硬件，使得它们可以协调工作，一般分为操作系统、语言处理程序、程序设计语言及服务性程序等。

（1）操作系统

在计算机软件中最重要的软件就是操作系统（Operating System，OS）。操作系统是最底层的软件，它控制计算机运行的所有程序并管理整个计算机的资源，是计算机裸机与应用程序及用户之间的桥梁。没有操作系统，用户就无法使用软件和程序。从资源管理的角度看，它具有 CPU 管理、存储器管理、设备管理和文件管理四项功能。常用的操作系统有 Windows 操作系统、UNIX 操作系统和 Linux 操作系统等。

（2）语言处理程序

计算机只能直接识别和执行机器语言，因此要在计算机上运行高级语言程序就必须配备程序语言翻译程序。

（3）程序设计语言

程序设计语言通常分为三类，即机器语言、汇编语言和高级语言。

机器语言是用二进制代码表示的计算机能直接识别并执行的一系列机器指令的集合，具有灵活、直接执行和速度快的特点，但难读、难编、难记易出错编写困难。

汇编语言用与代码指令实际意义相近的英文缩写词、字母和数字符号来取代指令代码，所以比机器语言更容易理解和记忆，但仍旧面向机器。

高级语言接近人类的自然语言且能为计算机所接受，语义确定、规则明确、通俗易学，是面向用户的语言，如 C 语言、Java 语言等。

（4）服务性程序

服务性程序是一些辅助性程序，它提供其他运行软件所需的服务，例如用于程序的装入、链接、编辑和调试用的装入程序、链接程序、编辑程序及调试程序等。

2．应用软件

应用软件是用户利用计算机硬件和系统软件，为解决各种实际应用问题而编写的程序，分为应用软件包和用户程序。应用软件包是利用计算机来解决某类问题而设计的程序的集合，可供多用户使用，如 Word、Excel 等。用户程序是为满足用户不同领域、不同问题的应用需求而提供的用户软件。

1.3　数制与数制转换

进位计数制（简称数制）是按进位的方式来计数，并用一组固定的数字和一套统一的规则来表示数目的方法。由于计算机内一律采用二进制表示数据，而人们日常生活中常用十进制来表示数据，所以学习数制及其转换十分必要。

进位计数制有数位、基数和位权三个要素，含义如下。

● 数位：指数码在一个数中所处的位置。

● 基数：指在某种进位计数制中，每个数位上所能使用的数码个数。

例如，二进制数基数是 2，每个数位上所能使用的数码为 0 和 1 两个数码。

● 位权：对于多位数，处在不同位置上的数字所代表的值是确定的，这个固定位上的值称为位权。

例如，二进制数第二位的位权为 2，第三位的位权为 2^2。对于 N 进制数，整数部分第 i 位的位权为 N^{i-1}，而小数部分的第 j 位的位权为 N^{-j}。

一般用（ ）$_{角标}$表示不同进制数。例如，十进制用（ ）$_{10}$表示，二进制数用（ ）$_2$表示。另外也可以在数字后面用特定字母表示该数的进制，如用 B 表示二进制，用 D 表示十进制（D 可省略）。例如，（1101）$_2$ 和（1101）$_B$ 均表示二进制数 1101，而(32)$_{10}$、(32)$_D$、32 均表示十进制数 32。

1.3.1　二进制

计算机内部使用二进制的主要原因是电路简单、可靠性强、运算简化及逻辑性强。

计算机内信息的表示形式是二进制数字编码。也就是说各种类型的信息（数值、文字、声音、图像）必须转换为二进制数字编码形式，才能在计算机中进行处理。

1.3.2 不同进位的计数制介绍

1．十进制（Decimal Notation）

十进制的特点如下。

● 有十个数码：0、1、2、3、4、5、6、7、8、9。

● 逢十进一。

设任意一个十进制数 D，具有 n 位整数，m 位小数，则该十进制数可以表示为

$$D=D_{n-1}\times10^{n-1}+D_{n-2}\times10^{n-2}+\cdots+D_1\times10^1+D_0\times10^0+D_{-1}\times10^{-1}+\cdots+D_{-m}\times10^{-m}$$

上式称为"按权展开式"。

『举例』将十进制数（215.48）$_{10}$ 按权展开。

解：$(215.48)_{10}=2\times10^2+1\times10^1+5\times10^0+4\times10^{-1}+8\times10^{-2}$

2．二进制（Binary Notation）

二进制的特点如下。

● 有两个数码：0、1。

● 逢二进一。

设任意一个二进制数 B，具有 n 位整数，m 位小数，则该二进制数可以表示为

$$B=B_{n-1}\times2^{n-1}+B_{n-2}\times2^{n-2}+\cdots+B_1\times2^1+B_0\times2^0+B_{-1}\times2^{-1}+\cdots+B_{-m}\times2^{-m}$$

『举例』将二进制数 110011.01 按位权展开。

解：$(11001.01)_2=1\times2^4+1\times2^3+0\times2^2+0\times2^1+1\times2^0+0\times2^{-1}+1\times2^{-2}=(25.25)_{10}$

3．八进制（Octal Notation）

八进制的特点如下。

● 有八个数码：0，1，2，3，4，5，6，7。

● 逢八进一。

设任意一个八进制数 O，具有 n 位整数，m 位小数，则该八进制可按权展开为

$$O=O_{n-1}\times8^{n-1}+O_{n-2}\times8^{n-2}+\cdots+O_1\times8^1+O_0\times8^0+O_{-1}\times8^{-1}+\cdots+O_{-m}\times8^{-m}$$

『举例』将(654.23)$_8$ 按权展开。

解：$(654.23)_8=6\times8^2+5\times8^1+4\times8^0+2\times8^{-1}+3\times8^{-2}=(428.296875)_{10}$

4．十六进制（Hexadecimal Notation）

十六进制的特点如下。

● 有十六个数码：0，1，2，3，4，5，6，7，8，9，A，B，C，D，E，F。

● 逢十六进一。

十六个数码中的 A、B、C、D、E、F 六个数码，分别代表十进制数中的 10、11、12、13、14、15。

设任意一个十六进制数 H，具有 n 位整数，m 位小数，则该十六进制可按权展开为

$$H=H_{n-1}\times16^{n-1}+H_{n-2}\times16^{n-2}+\cdots+H_1\times16^1+H_0\times16^0+H_{-1}\times16^{-1}+\cdots+H_{-m}\times16^{-m}$$

『举例』将(3A6E.5)$_{16}$ 按权展开。

解：$(3A6E.5)_{16}=3\times16^3+10\times16^2+6\times16^1+14\times16^0+5\times16^{-1}=(14958.3125)_{10}$

1.3.3　二进制与十进制数的转换

不同进位计数制之间的转换，实质是基数转换。

一般来说，通常需要分别对整数部分和小数部分进行转换。

（1）二进制数转换为十进制数

方法：按权展开求和即可。

『举例』将二进制数$(10110.11)_2$转换成十进制。

$$(10110.11)_2 = 1 \times 2^4 + 0 \times 2^3 + 1 \times 2^2 + 1 \times 2^1 + 0 \times 2^0 + 1 \times 2^{-1} + 1 \times 2^{-2} = (22.75)_{10}$$

（2）十进制数转换为二进制数

方法：整数部分采取"除 2 取余法"，小数部分采取"乘 2 取整法"。

『举例』将十进制$(179.48)_{10}$转换为二进制数。

即　$(179.48)_{10} = (10110011.01111010)_2$

1.4　数据单位与字符编码

需要处理的信息在计算机中常常被称为数据。在计算机内部，数据均采用二进制的形式进行存储、运算、处理和传输。

1.4.1　数据单位

（1）位（bit）

位是计算机中最小的数据单位，是二进制的一个数位，每个 0 或 1 就是一个位。

（2）字节（Byte）

字节是计算机中用来表示存储空间大小的最基本单位，又称为 Byte 或 B。一个字节由 8 个二进制位组成。例如，计算机内存的存储容量、磁盘的存储容量等均以字节为单位进行表示。

除了用字节为单位表示存储容量外，还可以用千字节（KB）、兆字节（MB）及十亿字节（GB）等表示存储容量。它们之间存在下列换算关系。

- 1B=8bit；
- $1KB=2^{10}B=1024B$；
- $1MB=2^{10}KB=1024KB$；
- $1GB=2^{10}MB=1024MB$；

- 1TB=2^{10} GB =1024GB；

（3）字（word）

字和计算机中字长的概念有关。字长是指计算机能一次处理的二进制信息的位数，具有这一长度的二进制数则被称为该计算机中的一个字。字通常取字节的整数倍，是计算机进行数据存储和处理的运算单位。

计算机按照字长进行分类，可分为 8 位机、16 位机、32 位机和 64 位机等。字长越长，那么计算机所表示数的范围就越大，处理能力也越强，运算精度也就越高。在不同字长的计算机中，字的长度也不相同。例如，在 8 位机中，一个字含有 8 个二进制位，而在 64 位机中，一个字则含有 64 个二进制位。

1.4.2 字符编码

字符编码就是规定用二进制数来表示字母、数字及专用符号。计算机中的信息包括数据信息和控制信息，数据信息又可分为数值和非数值信息。非数值信息和控制信息包括了字母、各类控制符号及图形符号等。它们都以二进制编码的方式存入计算机并得以处理，这种对字母和符号进行编码的二进制代码称为字符编码（Character Code）。

（1）ASCII 编码

微机和小型计算机中普遍采用 ASCII 码（American Standard Code for Information Interchange，美国信息交换标准代码）表示字符数据，该编码被 ISO（国际化标准组织）采纳，作为国际上通用的信息交换代码。

ASCII 码有两个版本：7 位码版本和 8 位码版本。国际上通用的是 7 位码版本。7 位码版本由 7 位二进制数表示一个字符，由于 2^7=128，所以能够表示 128 个字符数据。为了便于处理，在 ASCII 码的最高位前增加 1 位 0，凑成 8 位的一个字节，所以，一个字节可存储一个 ASCII 码，也就是说一个字节可以存储一个字符。ASCII 码是使用最广的字符编码。在 ASCII 码表中，每个数字、字母和控制符号都有一个固定的数值，数字的 ASCII 值从 0～9 依次变大，大写字母 ASCII 值从 A～Z 依次变大，小写字母 ASCII 值从 a～z 依次变大，且数字的 ASCII 值小于大写字母的 ASCII 值，大写字母的 ASCII 值小于小写字母的 ASCII 值。

（2）汉字编码

在计算机系统中，汉字的编码分为外码、内码、输出码和交换码。

- 外码：外码又称输入码，是汉字的输入代码，一般有数字编码、字形编码和字音编码，对于每一种编码方式，每个汉字都有对应的一个确切的输入码。例如，用字音编码输入汉字"汉"时，它所对应的外码是"han"。
- 内码：内码是汉字的内部编码。计算机为了识别汉字，必须把汉字的外码转换为汉字的内码，以便处理和存储汉字信息。在计算机中，通常使用两个字节来表示一个汉字的内码。
- 输出码：将汉字的字形经过点阵的数字化后产生的一串二进制数称为汉字的输出码，又称字形码。它是供显示器或打印机输出汉字使用的点阵代码。
- 交换码：交换码即国家标准汉字编码（GB2312—80），简称国标码。该编码集的全称是"信息交换用汉字编码字符—基本集"，该编码的主要用途是作为汉字信息交换码使用。

国标码规定：一个汉字用两个字节来表示，每个字节只用前七位，最高位均未作定义。但需要注意，国标码不同于 ASCII 码，并非汉字在计算机内的真正表示代码，它仅仅是一种编码方案，计算机内部汉字的代码叫作汉字机内码，简称汉字内码。在微机中，汉字内码一般都采用两字节表示，由于机内码的存在，输入汉字时就允许用户根据自己的习惯使用不同的输入码，进入计算机系统后再统一转换成机内码存储。

总之，一个汉字从输入到输出，首先要用汉字外码将汉字输入，再用汉字内码存储并处理汉字，最后用汉字的字形码将汉字输出。

1.5　计算机的性能指标与安全操作

选择一套高性能的计算机系统配置，可以提高工作效率。掌握计算机的安全操作，工作时便无后顾之忧。

1.5.1　计算机的性能指标

一台计算机能力的强弱或性能的好坏，不是由某项指标决定的，而是由它的系统结构、指令系统、硬件组成、软件配置等多方面的因素综合决定的。对大多数普通用户来讲，可以从以下几个指标来大体评价计算机的性能。

（1）运算速度

运算速度指 CPU 每秒钟所能执行的指令数目，常用的衡量单位是 MIPS（Millions of Instruction Per Second），即每秒执行的百万条指令数。

（2）主频

主频指计算机的 CPU 时钟频率，即每秒所发出的脉冲数，单位一般以兆赫兹（MHz）衡量。主频高低在很大程度上决定了计算机的运算速度。

（3）字长

字长指 CPU 一次能直接传输、处理的二进制数据位数，是计算机性能的一个重要指标。字长代表计算机的计算精度和处理数据的大小范围。字长越长，可以表示的有效位数越多，运算精度也越高，处理能力也越强。目前微机的字长一般为 32 位和 64 位两种。

（4）内存容量

内存容量指内存能够存储的总字节数。它直接影响计算机的工作能力，内存容量越大则计算机的处理能力越强。

1.5.2　计算机的安全操作与病毒防护

1．安全操作

如何使计算机处于良好的工作状态，是每一位用户关心的问题，下面就这一问题从几个方面提供一些建议。

（1）计算机对于环境的要求

● 电源：稳定的电源最好是 200V、50Hz 的交流电，电压波动范围最好在 180～230V 之间。由于计算机突然断电可能会丢失数据，可以考虑配备不间断电源（UPS）供电。

- 温度：计算机工作在常温环境 10℃～45℃。温度过高，会造成计算机的主要配件散热不良，影响配件的正常运行；温度过低，硬盘驱动器的读/写容易出现错误。较为理想的温度在 10℃～25℃。
- 湿度：计算机工作在 30%～80%的相对湿度环境下。相对湿度过高，会导致计算机元器件受潮短路；相对湿度过低，空气过于干燥会使得计算机受到静电干扰，产生错误操作。
- 清洁：计算机应该处于比较干净的环境中，灰尘经过长期积累容易引起电路短路，应适时做好清洁工作。
- 电磁干扰：较强的磁场环境容易对硬盘、显示器等元器件造成干扰，造成的结果可能是硬盘数据丢失或显示器出现抖动和花斑等。

（2）安全操作和使用

- 不要频繁开关机，每次开机和关机的时间间隔应不少于30s。
- 不要在计算机附近吸烟或吃东西，因为这样可能会污染键盘、鼠标和机箱内电子元器件。
- 增删计算机硬件前要先断电且确认身体不带静电。
- 开机顺序是先开外部设备再开主机，关机顺序是先关主机再关外部设备。
- 对硬盘上的重要文件和数据要定期备份，以免发生意外，造成不必要的损失。

2．病毒防护

计算机病毒是指在计算机程序中插入的破坏计算机功能或破坏数据，影响计算机使用且能够自我复制的一组计算机指令或程序代码。计算机病毒的主要特征是传染性和破坏性，其他特征还有隐蔽性、潜伏性、寄生性、欺骗性等。减少计算机因感染病毒而造成损失的最好办法是做好病毒防护，建议如下。

1）打开系统自带的防火墙，自动更新系统。操作系统自带的防火墙可拦阻很多恶意软件，建议始终开启。操作系统的漏洞会通过系统补丁更新加固，所以经常更新系统也是必要的。

2）安装一个可靠的杀毒软件。保持使用一款最新版本的防病毒软件并及时更新是非常必要的，并定期查杀病毒保持系统干净顺畅。

3）安全浏览网页和下载。仅从信任的网站下载文件，如果不确定是否应该信任欲下载的程序文件，可以搜索一下是否被举报过。特别要注意下载共享文件和浏览器插件的安全性，因为此类文件监管力度很低。切勿相信电子邮件中的任何可疑内容，对于不熟悉的文件类型和浏览器弹出不熟悉提示的文件要慎重打开。

1.6 键盘结构与指法训练

键盘是计算机的外部设备，是用户向计算机输入数据和控制计算机的重要工具。熟悉键盘的结构，可以更好地提高工作效率；正确的指法，可以提高用户输入的效率。

1.6.1 键盘结构

键盘的种类很多，按照接口来分类可以分为 PS2 口键盘、USB 口键盘和无线键盘；按照工作原理来分类可以分为机械键盘、塑料薄膜式键盘、导电橡胶式键盘和无接点静电电容键盘。通常台式机使用的是 104 键键盘，如图 1-15 所示。

图 1-15 104 键键盘

键盘分为四个区域：功能键区、基本键区、编辑控制键区和数字键区。

（1）功能键区

位于键盘最上排的〈Esc〉健和〈F1〉～〈F12〉键被称为功能键。

（2）基本键区

主要是字母键和数字键，此外还包括下列辅助键。

● 〈Tab〉：制表键，按下此键可插入制表符。

● 〈Caps Lock〉：大写锁定键，按下此键，输入的字母为大写。

● 〈Shift〉：换挡键，在基本键盘区的左右各一个。如果想输入双字符按键上面的字符，可先按下此键不放，再按双字符按键即可。

● 〈Ctrl〉：控制键，与其他键配合使用，用来实现应用程序中定义的功能。

● 〈Alt〉：辅助键，与其他键组合成复合控制键。

● 〈Enter〉：回车键。通常被定义成结束命令行、文字编辑中回车换行。

● 〈Space〉：空格键。用来输入一个空格，并使光标向右移动一个字符的位置。

（3）编辑控制键区

● 〈Page Up〉：按下此键，光标移动到上一页。

● 〈Page Down〉：按下此键，光标移动到下一页。

● 〈Home〉：按下此键，光标移动到当前行首。

● 〈End〉：按下此键，光标移动到当前行尾。

● 〈Delete〉：删除键，用来删除当前光标右边的字符。

● 〈Insert〉：按下此键，用来切换插入与改写状态。

（4）数字键区

数字键区有一个〈Num Lock〉键，按下此键，键盘上的〈Num Lock〉指示灯亮，表示此时为输入数字和运算符号的状态。再次按下此键时，指示灯灭，此时本区域的功能与编辑控制键区的功能相同。

1.6.2 指法训练

1. 指法操作

一般计算机使用标准键盘，键盘上的字符分布是根据字符的使用频率确定的。人的十个手指的灵活程度不同，灵活一点的手指分管使用频率较高的键位；反之，不太灵活的手指分管使用频率较低的键位。将键盘一分为二，左右手分管两边，键位的指法分布如图 1-16 所示。

图 1-16　指法分布

左右手的初始位置放在〈A〉键所在行（称为基准行），左右手食指分别放在〈F〉键和〈J〉键上，其他手指依次排开（大拇指只负责按〈Space〉键）。基准行上的"ASDFJKL；"八个按键称为基准键，基准键位是指头的常驻键位，即指头一直落在基准键上，当需要击打其他键时，指头移动击键后，立即返回到基准键位。

2. 击键要求

只有通过大量的指法练习，才能熟记键盘上各个键的位置，从而实现盲打。用户可以先从基准键位开始，再慢慢向外扩展直至整个键盘。

打字前，最好先记住整个键盘的结构，避免因为忙于寻找字符而耽误时间。要想高效、准确地输入字符，还要掌握正确的方法。

1）手指轻放在基准键位上，手腕悬空平直。

2）眼睛看文稿或显示器，不要看键盘。

3）按照每个手指划分的工作范围击键，是"击"键而不是"按"键。

4）手指击键时瞬间爆发冲击力，并立即反弹返回原来位置。

3. 指法训练

为了提高打字速度，更快地实现盲打，初学者应按照以下方法练习，可以收到事半功倍的效果。

1）从基准键开始练习，先练习"ASDF"及"JKL；"。

2）加上"EI"键进行练习。

3）加上"GH"键进行练习。

4）依次加上"RTYU"键、"WQMN"键、"CXZ"键等进行练习。

5）最后练习所有键位。

1.7　习题

一、选择题

1.（　　）字节称为 1MB。
    A．10K　　　　　B．100K　　　　　C．1024K　　　　　D．10000K

2.第一台电子计算机是（　　）年诞生的。
    A．1940　　　　　B．1945　　　　　C．1946　　　　　D．1950

3.电子计算机主要以电子元器件划分年代，第一代计算机是采用（　　）作为基本逻辑元件。
    A．晶体管　　　　　　　　　　　B．电子管
    C．大规模集成电路　　　　　　　D．中小规模集成电路

4.第二代计算机是采用（　　）作为基本逻辑元件。
    A．晶体管　　　　　　　　　　　B．电子管
    C．大规模集成电路　　　　　　　D．中小规模集成电路

5.第三代计算机是采用（　　）作为基本逻辑元件。
    A．晶体管　　　　　　　　　　　B．电子管
    C．大规模集成电路　　　　　　　D．中小规模集成电路

6.第四代计算机是采用（　　）作为基本逻辑元件。
    A．晶体管　　　　　　　　　　　B．电子管
    C．大规模超大规模集成电路　　　D．中小规模集成电路

7.计算机内所有信息都是以（　　）形式表示的，其单位是比特（bit）。
    A．十进制　　　　B．二进制　　　　C．八进制　　　　D．十六进制

8.衡量计算机存储容量的单位通常是（　　）。
    A．十进制　　　　B．二进制　　　　C．比特　　　　　D．字节

9.十进制数 173 转换成二进制数是（　　）。
    A．10101101　　　B．10110101　　　C．10011101　　　D．10110110

10.十进制数 125.625 转换成二进制数是（　　）。
    A．1111101.101　　B．1011111.101　　C．1001101.01　　D．1111110.110

11.二进制数 100001010 转换成十进制数是（　　）。
    A．255　　　　　B．513　　　　　C．235　　　　　D．266

12.二进制数 1001101.0101 对应的十进制数是（　　）。
    A．77.3125　　　B．154.3125　　　C．154.625　　　D．77.625

13.内存主要用来存放当前计算机运行时所需要的程序和数据，根据作用的不同又分为（　　）和随机存储器两种。
    A．内存条　　　B．读/写　　　C．只读存储器　　　D．高速缓存

14.计算机中使用的 ASCII 码是（　　）。
    A．条件码　　　　　　　　　　　B．二—十进制编码
    C．二进制码　　　　　　　　　　D．美国信息交换标准代码

15. 控制器与运算器合起来被称为（　　　）。

    A．寄存器　　　　　B．中央处理器　　　C．通用寄存器　　　　D．核心处理器

16. 计算机运行时，程序和数据都临时存在 RAM 中，关机或断电后，其中的信息将（　　　）。

    A．丢失　　　　　　B．保留　　　　　　C．存盘　　　　　　　D．转移

17. 在计算机的存储系统中，存放 ASCII 码字符需要使用（　　）位二进制。

    A．8　　　　　　　B．16　　　　　　　C．7　　　　　　　　D．1

18. 哪一位科学家奠定了现代计算机的结构理论（　　　）。

    A．诺贝尔　　　　　B．爱因斯坦　　　　C．冯·诺依曼　　　　D．居里

19. 企业管理是目前广泛使用的一项计算机应用，按分类，它应属于（　　　）。

    A．实时控制　　　　B．科学计算　　　　C．数据处理　　　　D．辅助设计

20. 硬盘存储器的盘片和驱动器做成一体，在断电的情况下硬盘中的信息会（　　　）。

    A．丢失　　　　　　B．损坏　　　　　　C．保留　　　　　　D．不确定

21. 总线是系统部件之间传送信息的通道，一般分为（　　　）。

    A．数据总线、位置总线和控制总线

    B．数据总线、地址总线和传输总线

    C．数据总线、地址总线和控制总线

    D．单元总线、地址总线和控制总线

22. 冯·诺依曼计算机工作原理的核心是（　　　）。

    A．顺序存储和程序控制　　　　　　B．存储程序和程序控制

    C．集中存储和程序控制　　　　　　D．运算存储分离

23. 在计算机领域中，通常用英文单词"Byte"来表示（　　　）。

    A．字　　　　　　　B．字长　　　　　　C．二进制位　　　　D．字节

24. 键盘是最常用、最基本的（　　　）。

    A．输出设备　　　　B．交换设备　　　　C．存储设备　　　　D．输入设备

25. 打印机是计算机的输出设备之一，用来打印程序结果、图形和文字资料等。打印机的种类很多，按照工作方式可以分为（　　　）。

    A．孔式打印机、喷墨打印机和激光打印机

    B．针式打印机、静电打印机和激光打印机

    C．针式打印机、喷墨打印机和激光打印机

    D．针式打印机、喷墨打印机和感应打印机

26. 计算机作为一个完整的系统，主要由（　　　）组成。

    A．主机系统和显示系统　　　　　　B．硬件系统和软件系统

    C．主机系统和键盘系统　　　　　　D．CPU 系统和指令系统

27. "计算机辅助制造"的英文缩写是（　　　）。

    A．CAD　　　　　　B．CAI　　　　　　C．CAT　　　　　　D．CAM

28. 存储容量 1GB 等于（　　　）。

    A．1024B　　　　　B．1024KB　　　　　C．1024MB　　　　D．128MB

29. 在计算机中，一个字节是由（　　　）个二进制位组成的。
　　A．4　　　　　　B．8　　　　　　C．16　　　　　D．32
30. 下列选项中，（　　）是计算机的输入设备。
　　A．打印机和键盘　　　　　　　　B．显示器和显卡
　　C．键盘和鼠标　　　　　　　　　D．鼠标和显示器
31. 下列选项中，（　　）是计算机的输出设备。
　　A．键盘和鼠标　　　　　　　　　B．打印机和键盘
　　C．键盘和显示器　　　　　　　　D．显示器和显卡

二、思考题

1．计算机的发展过程是怎样的？目前普遍使用的是哪一代计算机？
2．计算机为什么采用二进制表示数据？
3．汉字的编码由哪几部分组成？

三、操作题

使用金山打字通练习中英文打字指法。

第 2 章　Windows 10 操作系统

操作系统（Operating System，OS）是计算机系统的重要组成部分。Windows 操作系统是由 Microsoft 公司开发的具有图形界面的操作系统，广泛应用于个人计算机中。本章以 Windows 10 为例，介绍 Windows 操作系统的功能和基本使用方法。

2.1　操作系统概述

操作系统是计算机系统中重要的系统软件，是整个计算机系统的控制中心。

1. 操作系统的概念

操作系统是直接运行在裸机上的最基本的系统软件，是用户和计算机之间的接口，是系统软件的核心，其他软件必须在操作系统的支持下才能运行。它是对硬件系统的首次扩充，用于统一管理计算机资源，合理组织计算机的工作流程，协调计算机系统的各部分之间、系统与用户之间、用户与用户之间的关系，如图 2-1 所示。

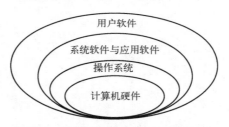

图 2-1　操作系统与各部分之间的关系

操作系统是一个庞大的管理控制程序，它大致包括处理机管理、存储管理、设备管理、文件管理和作业管理五个管理功能。

2. 操作系统的分类

目前流行的操作系统种类很多，大致分类如图 2-2 所示。

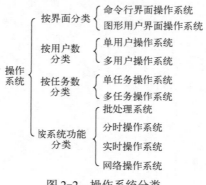

图 2-2　操作系统分类

3．常见的操作系统

1）UNIX：UNIX 是一个强大的多用户、多任务操作系统，支持多种处理器架构，按照操作系统的分类，属于分时操作系统。UNIX 最早由 Ken Thompson 和 Dennis Ritchie 于 1969 年在美国 AT&T 的贝尔实验室开发。

2）Linux：基于 Linux 的操作系统是 1991 年推出的一个多用户、多任务的操作系统。它与 UNIX 完全兼容，它最大的特点在于是开放源码的操作系统，其内核源代码可以自由传播。

3）macOS X：一套运行于苹果 Macintosh 系列计算机上的操作系统，首个在商用领域成功的图形用户界面。macOS X 于 2001 年首次推出。

4）Windows：由微软公司成功开发的操作系统，是一个多任务的操作系统，采用图形用户界面，用户对计算机的各种复杂操作只需通过单击鼠标就可以实现。

5）iOS：由苹果公司开发的手持设备操作系统。iOS 与苹果的 macOS X 操作系统一样，属于类 UNIX 的商业操作系统。原本这个系统名为 iPhone OS，直到 2010 年 6 月 7 日改名为 iOS。

6）Android：一种以 Linux 为基础的开放源代码操作系统，主要用于便携设备。Android 操作系统最初由 Andy Rubin 开发，最初主要支持手机。2005 年由 Google 收购注资，并组建开放手机联盟开发改良，逐渐扩展到平板电脑及其他领域上。

2.2　Windows 10 基础

本节主要介绍 Windows 10 的界面和常用操作。Windows 系统具有良好的图形工作界面，窗口、对话框和菜单是使用 Windows 10 时经常用到的，用户通过对键盘和鼠标操作来完成大部分的工作。

2.2.1　鼠标与键盘的操作

在 Windows 10 操作系统中，触控技术增加了用户体验，通过触摸感应显示屏，替代鼠标和键盘完成计算机的相关操作，如用户在"画图"程序中用手指来绘画，将手指捏紧可以将图片缩小。由于触控技术需要硬件的支持，所以对于多数用户来说大部分工作仍是利用鼠标和键盘来完成。

1．鼠标操作

目前常见的鼠标是左、右键，中间滚轮的类型，下面以这种类型的鼠标为例，介绍鼠标的常规操作。

1）指向：移动鼠标，将鼠标指针移到某个对象上。

2）单击：快速地按一下鼠标左键再松开。常用于选中文件、文件夹和其他对象，也用于选择菜单中某项命令、对话框中某个选项等。

3）双击：快速地连续按两次鼠标左键再松开。常用于启动程序、打开窗口、打开文件或文件夹。

4）拖拽：单击对象并按住鼠标左键不放，同时移动鼠标，到达目标位置后再松开鼠标左键。常用于移动、复制等操作。

5）右击：快速地按一下鼠标右键再松开。该操作常用于打开目标对象的快捷菜单。

6）滚动：上下滚动鼠标滚轮。常用于浏览网页、页面等。

当用户进行不同的操作或系统处于不同的运行状态时，鼠标指针就会出现不同的形状，不同的形状代表了不同的含义，如表 2-1 所示。

表 2-1　常见的鼠标指针形状和含义

鼠标形状	含　义	鼠标形状	含　义
	标准选择		忙
	帮助选择		后台操作
	手写		文本选择
	垂直方向大小调整		水平方向大小调整
	对角线方向调整		对角线方向调整
	移动		链接选择

2．键盘的操作

键盘是最常用也是最主要的输入设备。通过键盘，可以将英文字母、数字和标点符号等输入到计算机中，从而完成向计算机发送命令、输入数据等工作。除此之外键盘还可以辅助鼠标快速完成命令。尤其是部分键值，可直接完成一些命令，或通过键值的组合形成新的命令，一般把这些键值称为快捷键或组合快捷键。

表 2-2 列出了 Windows 10 中常见的快捷键及其功能，其中"+"指两键配合使用。

表 2-2　Windows 10 中常见的快捷键

快捷键	功能说明	快捷键	功能说明
〈F1〉	显示当前激活软件的帮助文件	〈F2〉	为选中文件"重命名"
〈F5〉	刷新活动窗口	〈Esc〉	取消当前任务
〈Windows 窗口键+D〉	最大化/还原所有窗口	〈Windows 窗口键+F 或 F3〉	打开"搜索"对话框
〈Windows 窗口键+R〉	打开"运行"对话框	〈Windows 窗口键+M〉	最小化所有已打开窗口
〈Alt+F4〉	关闭当前应用程序	〈Alt+Tab〉	切换打开的多个应用程序
〈Ctrl+Alt+Del〉	强行中止程序运行或热启动或开启操作系统"登录信息"对话框	〈Alt〉+鼠标双击目录或文件	显示属性
〈Ctrl+C〉	复制	〈Ctrl+V〉	粘贴
〈Ctrl+X〉	剪切	〈Ctrl+A〉	全部选定
〈Ctrl+Z〉	撤销	〈Ctrl+S〉	保存
〈Ctrl+Space〉	当前中、英文输入法切换	〈Ctrl+Shift〉	输入法切换
〈Alt+Space〉	为活动窗口打开快捷方式菜单	〈Ctrl〉+鼠标选定目录或文件	可选择多个不连续的项目
〈Print Screen〉	将当前屏幕以图像方式复制到剪贴板上	〈Alt+Print Screen〉	将当前活动程序窗口以图像方式复制到剪贴板上

2.2.2　图标

图标是图形用户界面 Windows 操作系统的重要元素，是具有明确含义的计算机图形。

用户单击或双击图标可以快速执行命令和打开程序文件，在浏览器中快速展现内容。相同扩展名的文件具有相同的图标。

按标识对象的不同，图标可分为以下几类：应用程序图标、文件夹图标、文档图标、快捷方式图标和驱动器图标等。

2.2.3　桌面

Windows 的一切操作都是基于图形的，这就是图形用户界面的含义。放置 Windows 图形的屏幕空间称为桌面，桌面的实质是运行 Windows 的屏幕背景。正像人们要在工作台上办公一样，Windows 操作是在 Windows 桌面上进行的，桌面就是 Windows 的工作台。Windows 10 桌面包括桌面图标、桌面背景、"开始"按钮、任务栏四部分，如图 2-3 所示。

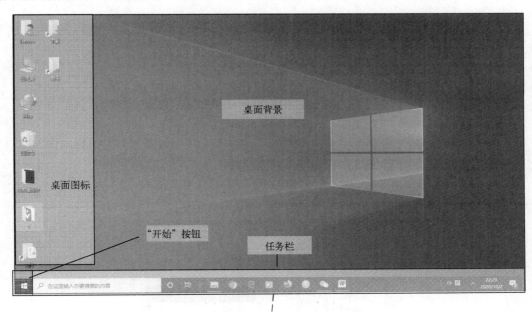

图 2-3　Windows 10 桌面

1．桌面图标

桌面图标是由一个形象的小图片和说明文字组成，双击图标可以快速地打开文件、文件夹或应用程序。如双击"此电脑"图标，即可打开"此电脑"窗口。

为了方便应用，用户可手动在桌面上添加一些桌面图标，实现个性化定制，如更改图标、排列图标，及对桌面图标的整理等操作。

（1）添加系统图标

刚装好的 Windows 10 操作系统桌面上只有"回收站"一个图标，如需在桌面上添加图标，则可通过以下操作来完成。

1）在桌面的空白处右击。

2）在弹出的快捷菜单中，选择"个性化"命令在打开的对话框中，选择"主题"→"相关设置"→"桌面图标设置"选项。

3）在弹出的"桌面图标设置"对话框中，完成与桌面图标相关的设置，如图 2-4 所示。如用户单击"更改图标"按钮，在弹出的"更改桌面图标"对话框中，可以修改桌面图标的标识和名称。

图 2-4 "桌面图标设置"对话框

（2）添加应用程序快捷方式图标

用户可以将常用应用程序的快捷方式放置到桌面上。下面以添加"金山打字通"应用程序快捷方式为例，说明添加快捷方式的具体操作步骤。

单击"开始"菜单找到"金山打字通"程序选项，用鼠标将它拖动到桌面上，"金山打字通"快捷方式随即会出现在桌面上。

（3）排列桌面图标

在桌面的空白处右击，在弹出的快捷菜单中选择"排序方式"命令，根据需要选择排列方式，如图 2-5 所示。

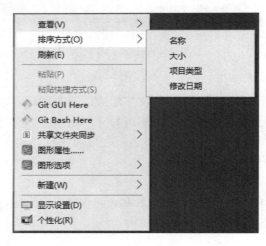

图 2-5 "排序方式"菜单

2. 桌面背景

桌面背景即桌面上显示的图像，Windows 10 系统提供了很多个性化的桌面背景，包括图片、纯色等，用户可以指定图片作为桌面背景，也可以将多个图片作为幻灯片显示。

（1）设置桌面背景

设置桌面背景的具体操作步骤如下。

1）在桌面的空白处右击。

2）在弹出的快捷菜单中选择"个性化"命令。

3）在弹出的"设置"窗口中，单击左侧"背景"按钮，如图 2-6 所示。

4）在右侧窗口中更改桌面背景，及图片与桌面契合度等设置。

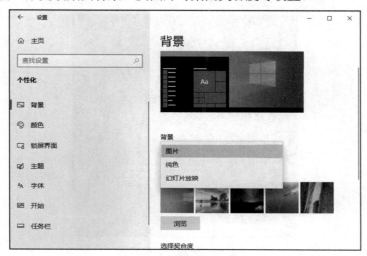

图 2-6　"设置"窗口

（2）设置锁屏界面

用户在指定的一段时间内没有使用鼠标或键盘进行操作，系统会自动进入锁定状态，屏幕显示漂亮的图片或动画。

设置锁屏界面的具体步骤是：在图 2-7 所示的"设置"窗口中，单击左侧"锁屏界面"按钮，右侧弹出"锁屏界面"对话框，可在其中对锁屏界面进行设置。

图 2-7　"锁屏界面"对话框

3．"开始"按钮

单击桌面左下角的"开始"按钮，将弹出如图 2-8 所示的 "开始"菜单，Windows 10 的"开始"菜单采用了全新的设计，用户可以快速找到要执行的程序，完成相应的操作。同时，为了符合自己的使用习惯，用户可以自己设置开始菜单的样式。

（1）"开始"菜单的构成

操作计算机的一切工作都可以从"开始"菜单开始，单击"开始"按钮⊞，弹出如图 2-8 所示的开始菜单，滚动应用列表，显示所有从 A～Z 按字母顺序排列的应用和程序。

图 2-8 "开始"菜单界面

"开始"菜单主要包括菜单、账户、文件资源管理器、设置和电源五部分，如图 2-9 所示。

图 2-9 "开始"菜单部分界面

- 菜单：展开以显示所有菜单项的名称。
- 账户：更改账户设置、账户的锁定和注销。
- 文件资源管理器：查看本机的资源，直接打开本机文档或图片文件夹。
- 设置：打开"Window 设置"窗口。
- 电源：本机睡眠、关机或重启。

（2）"开始"菜单的设置

设置开始界面的具体步骤为：在"设置"窗口中，单击左侧"开始"按钮，在右侧弹出的"开始"栏中进行设置，如图 2-10 所示。

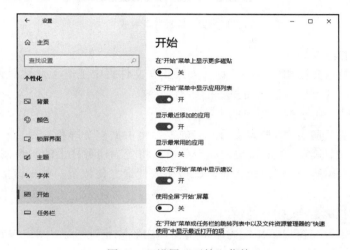

图 2-10　设置"开始"菜单

4．任务栏

可以在 Windows 任务栏查看应用和时间，存放常用应用程序及当前已打开的应用程序。可以对其进行个性化设置，如更改颜色和大小、在其中固定应用、在屏幕上移动及重新排列任务栏按钮或调整其大小等。

任务栏主要由开始菜单、应用程序区、语言选项带和通知区组成，Windows 10 新增了cortana 搜索、任务视图和"操作中心"按钮，还可以决定任务栏是否透明和更改颜色。

Windows 10 的任务栏除了最左边是"开始"按钮外，还包括应用程序按钮区、通知区和"显示桌面"按钮等，如图 2-11 所示。

搜索栏　　　　任务视图　　　快速启动栏　　　程序按钮区　　　　　　通知区　显示桌面

图 2-11　任务栏的组成

2.2.4　窗口

窗口是 Windows 中最重要的组成部分，是桌面上用于运行应用程序和查看文档信息的一块矩形区域。在 Windows 10 中，虽然每个窗口内容不尽相同，但所有窗口都有一些共同点。本节以"记事本"窗口为例，介绍典型窗口的组成，包括控制按钮区、菜单栏、标题栏、滚动条、边框等，如图 2-12 所示。

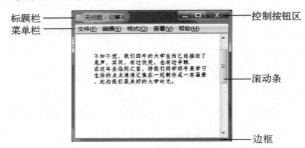

图 2-12　典型窗口组成

1. 窗口元素的基本组成

1）标题栏：显示文档和程序的名称（如果正在文件夹中工作，则显示文件夹的名称）。

2）菜单栏：包含该任务窗口可执行的所有命令。

3）控制按钮区：用于控制窗口的大小。

● "最大化" 按钮 ：单击该按钮，当前窗口将占据整个屏幕。

● "最小化" 按钮 ：单击该按钮，当前窗口将变为任务栏上的一个按钮。

● "恢复" 按钮 ：当窗口最大时，此按钮取代最大化按钮，单击该按钮，窗口恢复到原来大小。

● "关闭" 按钮 ：关闭当前窗口。

4）滚动条：如果在窗口工作区内不能将窗口内容完整地显示出来，Windows 就会在窗口的右侧或底部添加滚动条。水平滚动条位于窗口的底端，垂直滚动条位于窗口的右端，在滚动条的两端各有一个箭头，按动它们可以使文件的内容在水平或垂直方向上移动。

5）边框：窗口的四条边用以改变窗口水平或垂直方向的大小，窗口的四个角用于同时加长或缩短各边框。

2. 窗口的基本操作

1）窗口打开：打开应用程序，运行该程序。运行程序有以下两种方法。

● 双击桌面上的应用程序图标，或选中应用程序后右击，从弹出的快捷菜单中选择 "打开" 命令。

● 从 "开始" 菜单中选择应用程序，即可打开程序窗口。

2）窗口关闭：关闭应用程序窗口将中止该程序的运行。关闭窗口的途径有以下几种。

● 单击窗口右上角 "关闭" 按钮。

● 打开窗口控制菜单，选用 "关闭" 命令。

● 按〈Alt＋F4〉组合键。

● 打开 "文件" 菜单，选择 "退出" 或 "关闭" 命令。

● 右击任务栏上窗口图标，从弹出的跳转列表中选择 "关闭窗口" 命令。

3）改变窗口大小：窗口的尺寸，除最大化或最小化外，可以按实际需要被任意改变。将鼠标指针移向窗口边框或窗口角时，指针会变为双向箭头状图标。此时，拖动边框或窗口角，窗口大小将在相应方向上随之改变。拖动窗口角时，将会在水平和垂直两个方向上同时改变窗口大小。

4）窗口移动：将窗口从一个位置移动到另一个位置叫窗口移动。只有当窗口在非最大化时，才能实施移动操作。移动窗口位置最简捷的方法是拖动窗口标题栏。拖动标题栏时，窗口位置将随之改变，释放鼠标按键即结束移动操作。

5）窗口的切换：Windows 10 允许运行多个程序，每个窗口在任务栏上都有相应的按钮，但某一时刻只有一个窗口是活动的，而其他运行着的程序都在后台工作。活动窗口处于桌面的最前面，可遮盖其他窗口或桌面内容。将正在后台工作的某一个应用程序切换到前台，这种操作叫窗口切换。窗口切换的方法有如下几种。

- 直接单击屏幕上该窗口的可见部分激活窗口。
- 单击任务栏上该窗口的图标。
- 通过〈Alt+Tab〉或〈Alt+Esc〉快捷键进行切换。

2.2.5　菜单

菜单是 Windows 窗口的重要组成部分，是一个应用程序所有命令的分类组合。菜单主要分为"开始"菜单、快捷菜单和控制菜单等。用户通过执行菜单命令完成需要的任务。

1. "开始"菜单

"开始"菜单是系统进行管理和启动应用程序的一个基本途径。用户通过单击任务栏上的"开始"按钮，打开"开始"菜单。

2. 快捷菜单

右击某对象时可弹出该对象的快捷菜单，菜单中列出了该对象最常用的命令，不同对象的快捷菜单是不同的。例如，在桌面空白处右击，就可打开桌面快捷菜单；选择文件并右击，也可打开文件快捷菜单。

3. 控制菜单

一般左上角有图标的窗口都可以单击该图标打开控制菜单，实现对窗口的移动、还原、关闭、最大化和最小化等操作。

2.2.6　对话框

对话框是一种特殊形式的窗口，对话框可以与用户进行信息交流。与一般窗口相同的是，有标题栏，可以在桌面上任意移动位置等；不同的是，对话框大小不能改变，也不能缩成图标。由于不同的操作需要用户提供不同的信息，因此对话框的形式可能是不同的，图 2-13 是一个典型的对话框。单击对话框中的各个项目，或按〈Tab〉键或〈Shift+Tab〉键，实现各项间的切换。

1）标题栏：位于窗口的最上方，它的左侧是该对话框的名称，右侧是对话框的"关闭"按钮。

2）选项卡：位于标题栏的下方，用户可通过在不同选项卡之间进行切换来查看和设置相应的信息。

3）下拉列表框：列出可选用的列表，由用户选择其中一项。

4）数字框：用户既可以直接在框中输入数值，也可以单击数值框右侧的增减按钮来改变数值的大小。

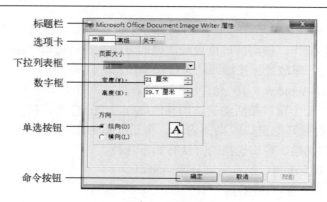

图 2-13　典型的对话框组成

5）单选按钮：单选按钮是一组圆形按钮 ⦿ 或 〇，其选项是互斥的，同一组选项组中的单选按钮每次只能选中一个。

6）命令按钮：命令按钮是带有命令名的矩形按钮，单击命令按钮，将执行相应的命令。如果按钮上带有"…"时，将会弹出另一个对话框。

7）文本框：用于文本信息的输入。先将插入点移至文本框内，再输入信息。右侧具有 ▾ 按钮的文本框可以打开下拉列表框，从中选择要输入的文本信息，如图 2-14 所示。

图 2-14　典型的文本框

8）复选框：复选框为方形小框 ☐ 或 ☑，用来选中或取消多个独立的选项，如图 2-15 所示。

图 2-15　典型的复选框

2.3　文件管理

文件管理是 Windows 系统的一项重要功能。计算机上的各种信息以文件形式保存在磁盘上，在日常工作中，为了便于对信息的使用，需要经常对磁盘上的文件进行维护和整理，如文件或文件夹的复制、移动和删除等操作。Windows 10 中可通过"此电脑"窗口来管理文件和磁盘，窗口组成如图 2-16 所示。

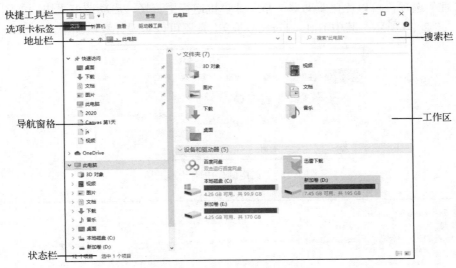

图 2-16　"此电脑"窗口

其中常用的功能如下。

1）文件夹选项：包含"此电脑"窗口中所有可执行的命令。选择"文件"→"文件夹选项"命令，在弹出的"文件夹选项"对话框中，可以完成更改文件和文件夹执行的方式及项目在计算机上的显示方式等操作。如想查看隐藏的文件，则选择"文件夹选项"对话框中"查看"选项卡下的"显示隐藏的文件、文件夹和驱动器"选项，单击"确定"按钮，就会在"计算机"窗口中显示当前文件夹下所有文件、文件夹和驱动器，包括"隐藏"的文件、文件夹和驱动器，如图 2-17 所示。

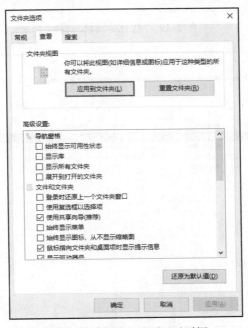

图 2-17　"文件夹选项"对话框

2）驱动器工具：当单击驱动器时，菜单栏会显示管理窗格，其中"驱动器工具"窗口中的"管理"选项，可以优化驱动器，帮助计算机运行更流畅，启动速度更快，如图 2-18、图 2-19、图 2-20 所示；其中 BitLocker 驱动器工具还可以实现计算机加密。

图 2-18 "此电脑"中驱动器工具

图 2-19 "优化驱动器"窗口

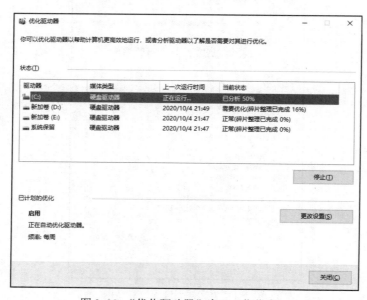

图 2-20 "优化驱动器"窗口（优化中）

2.3.1　文件与文件夹

1．文件的基本概念

文件是文字、声音、图像等信息的集合，是用户存储、查找和管理信息的一种方式。文件夹是 Windows 在磁盘上管理文件的组织形式和实体。文件夹中除存放文件外，还可以存放其他文件夹——子文件夹。

在 Windows 中，文件夹可以认为是分类管理各种不同资源的容器。它的大小由系统自动分配。计算机资源可以是文件、硬盘、键盘及显示器等。将计算机资源统一通过文件夹管理，可以规范资源的管理；用户不仅通过文件夹来组织管理文件，也可以用文件夹管理其他资源。

2．文件和文件夹的命名

为了识别、组织与管理文件和文件夹，需对文件和文件夹命名，文件和文件夹的命名有一定的规则要求，具体如下。

1）文件全名由文件名与扩展名组成。一般情况下，文件名与扩展名中间使用符号"."分隔。文件全名的格式为：<主文件名>.[<扩展名>]。文件名体现文件的内容，扩展名指明文件的性质和类别，是区别文件类型的标志，扩展名的具体描述见"文件的类型"部分。

2）文件名及文件夹名可以使用汉字、西文字符、数字和部分符号，文件名及文件夹名最多可有 256 西文字符或 128 个汉字。

3）文件名字符可以使用英文字符的大小写。在 Windows 中，不区分大小写。例如，文件"ABC.TXT" 等同于"abc.txt"。

4）同一文件夹内文件不能同名。

5）文件名及文件夹名中允许使用空格符，但不允许使用以下 9 个字符："/""\"":""*""?"""""<"">""|"，如图 2-21 所示。

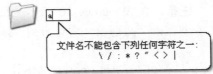

文件名不能包含下列任何字符之一：
\ / : * ? " < > |

图 2-21　命名文件时被禁止使用的字符

3．文件的类型

文件夹中存放着 Windows 系统的所有文件，了解这些文件的类型和作用对维护 Windows 系统非常必要。在 Windows 中，经常遇到的文件类型有程序文件、文本和文档文件、字体文件、图像文件和多媒体文件等。表 2-3 列出常见的文件扩展名及其含义。

表 2-3　常用扩展名及其含义

扩　展　名	含　　义
EXE	可执行文件。可以是 Windows 程序，也可以是非 Windows 程序
COM	可执行命令文件
BMP	位图文件，存放位图
ICO	图标文件，存放图标
SYS	系统文件
DRV	设备驱动程序
HLP	帮助文件，存放帮助信息
INI	初始化文件，存放定义 Windows 运行环境的信息，如 WIN.INI

（续）

扩 展 名	含 义
DLL	动态链接库文件，如 RECORDER.DLL
DAT	应用程序创建的存放数据的文件，如 REG.DAT
MID	MIDI（乐器的数字化接口）文件，存放使用 MIDI 设备演奏声音所需全部信息
TXT	文本文件
TMP	临时文件
CLP	剪贴板文件
FON	字体文件

4．文件和文件夹的属性

文件和文件夹的属性定义了文件或文件夹的使用范围、显示方式及受保护的权限等。文件和文件夹有三种属性：只读属性、存档属性和隐藏属性。只读属性设定文件在打开时不能被更改和删除；存档属性表示程序对文件或文件夹进行备份；隐藏属性将隐藏指定的文件夹或文件。

5．路径

路径是指文件或文件夹在计算机系统中的具体存放位置。完整路径由驱动器符、后接冒号（：）、文件夹和子文件夹的名称、文件夹名称前的反斜杠（\）等组成。如在路径中要具体指定目标文件夹或文件，应在最后指明该文件夹或文件名，并用反斜杠与路径分隔。例如：

C:\WINDOWS\java\Packages\Data\AACZDBBT.DAT

注意：在 Windows 10 显示地址的窗口中，地址栏中的文件夹和子文件夹的名称之间以 > 分割。以"此电脑"窗口为例，地址栏中路径显示为 此电脑 › 本地磁盘 (C:) › MyDownloads › Download

2.3.2 文件与文件夹的基本操作

文件与文件夹的基本操作包括创建文件和文件夹、创建快捷方式及复制、删除、查找文件和文件夹等，这些操作对于用户管理计算机中的程序和数据是非常重要的。

1．创建文件或文件夹

方法一：

1）选中要创建新文件或文件夹的位置，如桌面、文件夹。

2）"主页"选项卡中，选择"新建"栏中的"新建文件夹"选项。

3）在所显示的文本框中输入新的文件或文件夹名称。

4）按〈Enter〉键。

方法二：在要创建新文件或文件夹的位置空白处右击，从弹出的快捷菜单中选择"新建"命令来创建文件或文件夹。

2．选择文件或文件夹

在 Windows 中无论打开文档、运行程序、删除旧文件还是将文件复制到磁盘中，用户都需先选定文件或文件夹，再进行相应的操作。选定文件或文件夹的方法如下。

1）选择单个文件或文件夹：在"此电脑"窗口中，单击要选定的文件或文件夹。

2）选择矩形区域内的文件或文件夹：按住鼠标左键拖动鼠标，出现一个虚线框，释放鼠标按钮，将选定虚线框内的所有文件或文件夹。

3）选择多个连续的文件或文件夹：选定第一个文件或文件夹，按〈Shift〉键+单击最后一个文件或文件夹，或连续按〈Shift〉键+光标移动键，向某个方向扩大或缩小文件或文件夹的选择。

4）选择多个不连续的文件或文件夹：按〈Ctrl〉键+单击各不连续的文件或文件夹。

5）全部选定：选定当前文件夹下的全部文件和文件夹，在"主页"选项卡中，选择"选择"栏中的"全部选择"选项，或使用快捷键〈Ctrl+A〉。

6）反向选择：选定文件或文件夹，在"主页"选项卡中，选择"选择"栏中的"反向选择"选项。

7）取消选定的文件和文件夹：在选定文件以外的空白处单击。

3．移动、复制文件或文件夹

移动和复制文件或文件夹都是将文件或文件夹从原来位置放置到目标位置。移动与复制的区别在于：移动是将文件或文件夹从原来位置删除，并放到目标位置；复制是将文件或文件夹在原来位置仍然保留，并将副本放到目标位置。

要进行文件或文件夹的复制或移动，首先选中对象，对象可以是单一的文件夹或文件，也可以是一组文件夹或文件，然后用鼠标拖动或通过菜单命令来完成。具体操作方法如下。

1）菜单方法：选定对象，在"主页"选项卡中，选择"组织"栏中的"移动到"或"复制到"命令，选定目标驱动器或目标文件夹并右击，在弹出的快捷菜单中选择"粘贴"命令。

2）鼠标左键拖动方法：在同盘和异盘上操作得到的结果是不同的。例如，将文件从 C 盘的一个文件夹拖到 C 盘的另一个文件夹中，被称为同盘操作。若将文件从 C 盘拖到 D 盘，被称为异盘操作。

同盘操作情况下，单击拖动所选对象到预定的位置，即可完成文件夹或文件的移动。如果在拖动的同时按住〈Ctrl〉键，则完成文件夹或文件的复制。

异盘操作情况下，直接拖动被选对象至目标位置就可以完成文件夹或文件复制。如果想将被选对象从 C 盘移动到 D 盘，应按住〈Shift〉键不放，将对象从源盘拖动到目标盘，完成异盘文件夹或文件的移动。

3）鼠标右键拖动方法：选中对象并右击，拖动被选对象到一个预定的文件夹后，显示被拖动到的位置，如图 2-22 所示。

4）"发送到"命令方法：选中对象并右击，在弹出的快捷菜单中，选择"发送到"命令，选择相应的操作。

发送文件或文件夹时只发送复件，原始文件或文件夹仍保留在原来的位置，相当于复制操作。

图 2-22　右键拖动后拖到的位置

4．重命名文件或文件夹

重命名是指为文件或文件夹换一个新名字。重命名文件或文件夹方法很多，这里只介绍菜单命令下的操作。具体操作是：选定对象，在"主页"选项卡中，选择"组织"栏中的"重命名"命令，在名称文本框中输入新的文件名或文件夹名，然后按〈Enter〉键。

5. 查找文件或文件夹

在计算机中，要快速查找到用户所需要的某个文件或文件夹，在"此电脑"窗口的搜索栏中完成查找操作即可。在搜索时，可在搜索栏中输入搜索内容进行搜索，如果知道条件如"修改日期""类型"等信息，根据这些条件可以进行精确查找。

如果记不清完整的文件名，可以使用问号"？"通配符代替文件名中的一个字符，或使用星号"＊"通配符代替文件名中的任意字符。也可以在"包含文字"文本框中输入待查找文件中存在的部分内容、关键词等。

6. 删除文件或文件夹

（1）菜单操作方法

1）选定要删除的文件或文件夹。

2）在"主页"选项卡中，选择"组织"栏中的"删除"命令。

3）在弹出的"确定文件删除"对话框中，单击"是"按钮，将把文件放入回收站中，单击"否"按钮则取消操作。

（2）鼠标操作方法

选定要删除的文件或文件夹，将选定的文件或文件夹直接拖到"回收站"图标上即可。

（3）键盘操作方法

选定要删除的文件或文件夹，按〈Delete〉键或〈Del〉键即可删除文件或文件夹。

以上介绍的删除方法都是将删除的文件或文件夹放到回收站中，这是一种不完全删除的方法，如果需要还原回收站中的文件或文件夹时，可以从回收站将其恢复到原来位置，具体操作步骤如下。

1）打开"回收站"窗口，选中想恢复的对象。

2）选择"回收站工具"选项卡下，"还原"栏中的"还原选定的项目"命令。

所选对象就从"回收站"窗口消失，回到原文件处。

也可采用移动或复制操作，将"回收站"内的文件夹或文件，移动或复制到新的目标文件夹内供使用。

若要永久删除文件或文件夹，则通过以下操作来完成。

1）选定要删除的文件或文件夹。

2）按住〈Shift〉键不放，再按〈Delete〉键或〈Del〉键将彻底删除所选文件或文件夹。

或在"回收站"窗口选择"清空回收站"命令，文件和文件夹也将永久清除。

7. 设置文件或文件夹属性

选定文件夹或文件后，在"主页"选项卡中，选择"打开"栏中的"属性"，弹出"属性"对话框。由于文件的性质不同，打开的"属性"对话框的内容也会不同。有些文件的"属性"对话框内包含有多个选项卡，如图2-23和图2-24所示。常见的"属性"对话框包括如下选项卡。

1）"常规"选项卡：列出了类型、位置、大小，及创建时间。"属性"选项组中有"只读"和"隐藏"复选框。在修改属性设置后，单击"确定"按钮退出。

2）"安全"选项卡：定义用户或组对某个对象（如文件或文件夹）的使用权限，确保计算机或多台计算机的安全。

图 2-23　文件属性对话框（一）

图 2-24　文件夹属性对话框（二）

3）"详细信息"选项卡：可输入或修改有关文件的标题、主题、作者、上司、公司、类型、关键字和说明等信息。

4）"以前的版本"选项卡：记录以前的版本信息。

8．文件与应用程序的关联

某种扩展名的文件与某个应用程序建立了"关联"后，当打开该文件时，与该文件相关联的应用程序首先打开，并自动打开文件。

文件的关联是自动建立的，且是可以改变或删除的。如果某个文件没有与应用程序建立关联，双击该文件后，弹出"打开方式"对话框，如图 2-25 所示。从中选择打开此文件的应用程序。

图 2-25　"打开方式"对话框

9．文件或文件夹的压缩与解压缩

为了节省磁盘空间，用户可以对一些文件或文件夹进行压缩。Windows 10 操作系统内置了压缩文件程序，无须第三方压缩软件，即可实现对文件或文件夹的压缩和解压缩。

（1）压缩文件或文件夹

利用 Windows 10 操作系统创建压缩文件或文件夹的操作步骤如下。

1）选定要压缩的文件或文件夹并右击。

2）在弹出的快捷菜单中选择"发送到"→"压缩（Zipped）文件夹"命令，如图 2-26 所示。

3）压缩成功后，会在当前目录下，生成与文件或文件夹相同名称的文件。

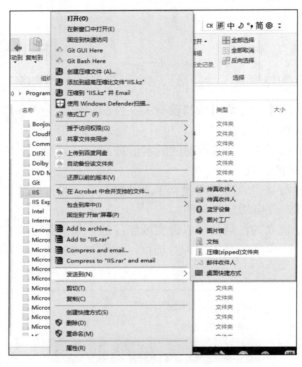

图 2-26　压缩文件夹选项

（2）解压缩文件或文件夹

解压缩文件或文件夹就是从压缩文件夹中提取文件或文件夹，具体操作步骤如下。

1）选定压缩文件或文件夹并右击。

2）从弹出的快捷菜单中选择"解压文件"命令。

3）弹出"提取压缩（Zipped）文件夹"对话框，选择或输入文件存放路径。

4）单击"确定"按钮。

文件提取完毕后则可在该路径下查看提取出来的文件或文件夹。

2.3.3　快捷方式

快捷方式是指快速启动应用程序或打开文档的方式，有利于用户快速启动常用的应用程序和打开文档或网络资源，而不必具体指定对象。可以为任何一个对象建立快捷方式，包括文件、文件夹、驱动器、打印机等。

快捷方式图标是一个链接到其所代表对象的特殊指针文件。打开快捷方式，实际上是打开该快捷方式所指向的对象。当双击快捷图标时，所指向的对象立即被激活。

快捷方式图标与一般图标的区别是，快捷方式图标的左下方有一个指向中心的箭头，图 2-27 显示了 Word 文件图标和 Word 文件快捷方式图标的区别。

图 2-27　典型的文件图标和相关快捷方式图标

1．创建快捷方式

方法一：

1）选中要创建快捷方式的项目并右击，打开快捷菜单。

2）选择"创建快捷方式"命令。新的快捷方式将出现在原始项目所在的位置上。

3）将新的快捷方式拖动到所需位置。

方法二：如果快捷方式链接到文件夹，则可以将其拖动到文件夹导航窗格的"收藏夹"部分。

方法三：将"此电脑"窗口中地址栏（位于任何文件夹窗口的顶部）左侧的图标拖动到目标位置，如图 2-28 所示，即为当前打开的文件夹在目标位置创建了快捷方式。

图 2-28　地址栏拖动创建快捷方式

2．删除快捷方式

操作过程同"删除"文件或文件夹方法。

注意：在删除操作时不要误将文件或文件夹作为快捷方式来删除。前者是实质性的，物理删除后无法补救；而快捷方式是指向性的，只是删除了指针，即删除了对应图标，并未删除文件，即使被删除还可以重新创建。

2.4　应用程序管理

应用程序是系统不可缺少的部分，掌握 Windows 10 操作系统中应用程序的管理方法尤为重要。下面从安装、卸载、启动和退出等方面介绍相关的操作。

2.4.1　应用程序的安装和卸载

1．安装应用程序

用户一般通过购买安装光盘、网上下载等方式获得软件的安装程序。通常，将应用程序的安装盘插入光驱后，就能自动启动并安装程序向导，遵从向导的指示操作即可完成。如果应用程序安装盘不能自启动，可通过"此电脑"窗口浏览光盘文件，找到安装程序文件

setup.exe 或 install.exe，双击该文件启动安装程序向导。

2．修改/卸载应用和功能

如果软件安装时是不完全安装（如典型安装），在应用过程中需要某些未安装的功能、软件需要定时更新，则需要添加组件；如果删除某个软件，则需要删除程序组件。在 Windows 10 系统中添加/删除程序的具体操作如下。

1）选择"开始"→"设置"→"应用"命令，在弹出的"应用和功能"栏中显示系统中每个应用和功能的创建时间和所占的空间。

2）"应用和功能"栏中选择需要卸载的程序，如图 2-29 所示，在应用程序下方单击"卸载"按钮，并在弹出的"卸载"对话框中单击"卸载"按钮，如图 2-30 所示，即可卸载该程序。

图 2-29 "应用和功能"窗口

图 2-30 "卸载"界面

另外，有些软件自带卸载程序，无须通过"设置"窗口删除。

2.4.2 应用程序的启动和退出

在 Windows 10 中启动和退出应用程序有很多方法，下面列出常见的几种。

1．启动应用程序

1）双击桌面上的应用程序快捷方式。

2）单击"开始"菜单中的应用程序。

3）在"开始"→"搜索"文本框中，输入相应的命令参数或选项。

4）在"此电脑"窗口中，选择应用程序，双击该图标运行相应的应用程序。

2. 退出应用程序

1）在应用程序的活动窗口中，选择"文件"→"退出"命令。

2）按〈Alt+F4〉快捷键。

3）单击应用程序窗口的"关闭"按钮。

4）按〈Ctrl+Alt+Del〉组合键，在任务列表选择程序，然后单击"结束任务"按钮。

2.5　设置

设置是 Windows 系统对计算机的软件、硬件系统进行配置、管理的工具集，几乎控制了有关 Windows 系统外观和工作方式的所有设置。用户根据需要和应用程序的特点，通过修改或设置其中的某个组件，来改变 Windows 系统的桌面及软件、系统设备、通信和网络等设置。

选择"开始"→"设置"命令，打开"设置"窗口，如图 2-31 所示。用户可以使用两种方法查找"设置"中的项目。

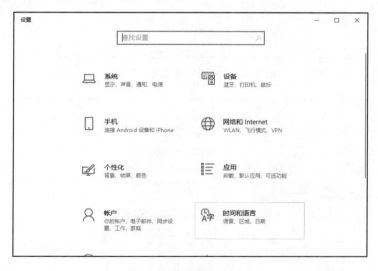

图 2-31　Windows 设置

（1）搜索

要查找感兴趣的设置或要执行的任务，可在搜索框中输入单词或短语。例如，输入"声音"可查找与声卡、系统声音及任务栏上音量图标的设置等有关的特定任务。

（2）浏览

可通过单击不同的类别（如系统和安全、程序或轻松访问）并查看每个类别下列出的常用任务来浏览"设置"，查看 "设置"所有项目的列表。

根据相关性将 Windows 的"设置"分为系统、设备、手机、网络和 Internet、个性化、应用、账户、时间与语言等几大类。接下来介绍常用的几种软件、硬件设置。

（1）账户

Windows 10 有标准账户和管理员账户，管理员账户有完全的控制权，标准账户可以使用大多数软件，更改计算机上不影响其他用户的系统设置，由于没有完全的控制权，在修改一些系统设置时会弹出提示窗口。选择"设置"→"账户"→"家庭和其他用户"选项，打开如图 2-32 所示的窗口，管理员账户可以添加新账户，并设置相关权限。选择"设置"→"账户"→"登录选项"选项，可以设置计算机的账户相关信息，如登录方式，如图 2-33 所示。

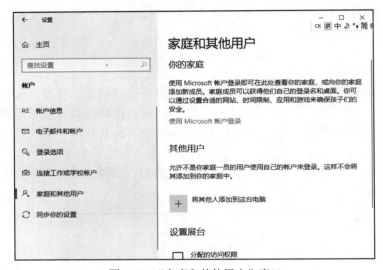

图 2-32 "家庭和其他用户"窗口

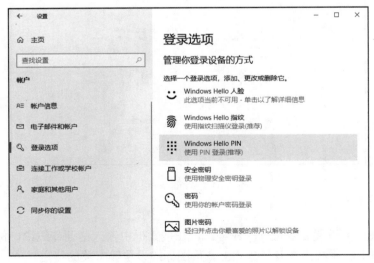

图 2-33 "登录方式"窗口

（2）Windows 更新

Microsoft 定期提供 Windows 的重要更新，以保护计算机免受新病毒和其他安全威胁的伤害。若要确保尽快收到这些更新，可启用自动更新。当连接到 Internet 时，会在后台下载更新。如果计算机在设置自动更新的时间处于休眠状态，则在下次启动计算机时会立即开始安装更新。这时会收到一个消息，询问是否要推迟安装，按照说明设置希望 Windows 等待的时间即可。

选择"设置"→"更新和安全"→"Windows 更新"选项，在打开的"Windows 更新"窗口中，可以查看目前 Windows 更新的情况，如图 2-34 所示。单击"高级选项"按钮，打开"高级选项"窗口，如图 2-35 所示，在此窗口进行以下设置更新过程中的更新时间、更新通知等。

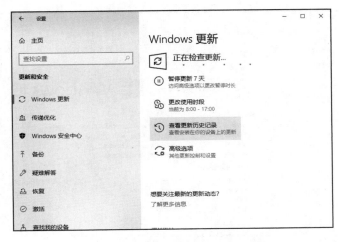

图 2-34　"Windows 更新"窗口

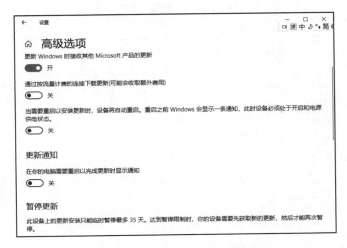

图 2-35　"高级选项"窗口

（3）设备管理器

设备管理器可以查看计算机中安装的硬件设备，并可安装和更新硬件设备的驱动程序、设置硬件设备的属性及解决存在的问题等。

选择"设置"→"系统"→"关于"→"系统信息"选项，弹出"系统"窗口，在"系统"窗口中显示当前 Windows 版本、系统信息、计算机名称等，如图 2-36 所示。单击"设备管理器"选项，弹出"设备管理器"窗口，可查看计算机上的硬件配置，如图 2-37 所示。单击某硬件展开后，选中某个硬件并右击，在弹出的快捷菜单中，有如下四个命令。

1）"更新驱动程序"命令：可以安装更新的设备驱动程序。

2）"卸载设备"命令：卸载当前的硬件设备。

3）"扫描检测硬件改动"命令：扫描检测当前硬件的改动情况。

4）"属性"命令：可以获得为每个设备加载的设备驱动程序、有关每个设备驱动程序的信息，及硬件是否工作正常等信息；还可实现"启用""禁用"和"卸载"设备。

图 2-36 "系统"窗口

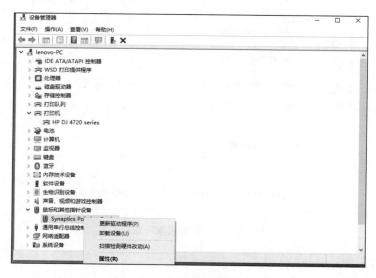

图 2-37 "设备管理器"窗口

（4）显示设置

选择"设置"→"系统"→"显示"选项，打开"显示"窗口，如图 2-38 所示。在"显示"窗口中可设置分辨率、调整亮度、连接到投影仪、设置自定义文本大小等相关设置。

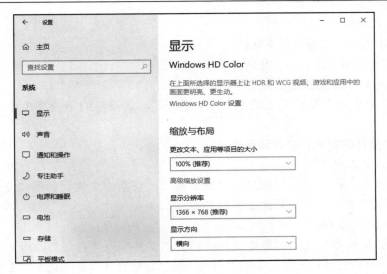

图 2-38　"显示"窗口

2.6　常用 Windows 软件

Windows 10 操作系统中自带了一些实用软件，如记事本、截图工具、计算器、画图程序、Tablet PC 及文档编辑工具等程序。本节主要介绍记事本、截图工具和计算器。

2.6.1　记事本

记事本是一个基本的文本编辑程序，最常用于查看或编辑文本文件。文本文件通常是由.txt 文件扩展名标识的文件类型。

1. 记事本的启动和退出

（1）启动记事本

单击"开始"按钮，从弹出的"开始"菜单中选择"Windows 附件"→"记事本"命令，启动记事本，如图 2-39 所示。

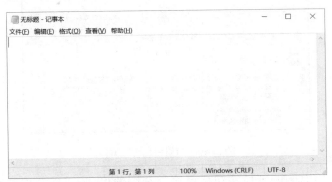

图 2-39　记事本

（2）退出记事本

退出记事本的方法主要有以下几种。

1）单击"记事本"窗口右上角的"关闭"按钮。

2）按〈Alt+F4〉组合键退出记事本。

3）单击"记事本"窗口左上角的"控制图标"，从弹出的下拉菜单中选择"关闭"选项。

2．记事本文件的新建、打开和保存

（1）新建记事本文件

启动"记事本"程序后自动创建一个默认格式的记事本文件，如图 2-39 所示。选择"文件"→"新建"命令，即可新建记事本文件。

（2）打开记事本文件

若想查看计算机中存放的记事本文件，选择"文件"→"打开"命令，在弹出的"打开"对话框中选择待打开的文件，单击"打开"按钮，可打开所选的记事本文件。

（3）保存记事本文件

选择"文件"→"保存"命令，选择要保存记事本文件的位置，单击"保存"按钮，即可保存当前记事本文件。

如果使用新名称或格式保存文件，则选择"文件"→"另存为"命令，选择文件格式和保存记事本文件位置，单击"保存"按钮，即可另存当前记事本文件。

（4）打印记事本文件

选择"文件"→"打印"命令，在弹出的"打印"对话框中设置所需的选项，单击"确定"按钮，打印当前记事本文件。

在打印文件之前，可以选择"文件"→"页面设置"命令，设置文件页面效果。

2.6.2 截图工具

单击"开始"按钮，从弹出的"开始"菜单中选择"Windows 附件"→"截图工具"命令，弹出如图 2-40 所示的窗口。

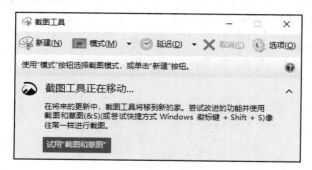

图 2-40 "截图工具"窗口

- 单击"模式"右侧的下拉按钮，可选择截图的形状："任意格式截图""矩形截图""窗口截图"或"全屏截图"。
- 通过"延迟"按钮设置截图的延迟时间："无延迟""1 秒"和"2 秒"等。

捕捉屏幕内容后，可使用数字笔做标记记录，截图工具提供了圆珠笔、铅笔、荧光笔、橡皮擦、标尺和局部截图等功能，如图 2-41 所示。

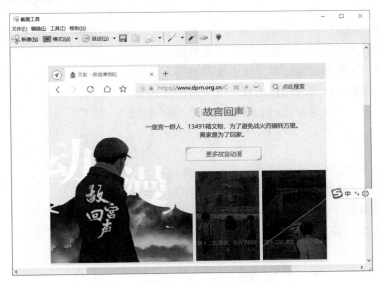

图 2-41 "截图工具"的编辑工具

截图后的内容，可通过"复制""粘贴"功能，粘贴到其他软件中，如附件中的"画图"程序等，进行进一步的处理。

截图工具的功能是利用 Windows 剪贴板来实现的。剪贴板是 Windows 在内存中开辟的一块临时存放信息的存储空间，以存储文字、图形、图像和声音等交换信息。例如，要复制网站上的一部分文本，将其粘贴到电子邮件中，就可以利用剪贴板。大多数 Windows 程序中都可以使用剪贴板，剪贴板上的信息可以通过"粘贴"命令多次使用。

也可以通过 Windows 提供的快捷键，实现截屏操作。利用〈Print Screen〉键，可以实现将整个屏幕截图复制到剪贴板，利用〈Alt+Print Screen〉键，可以将当前活动窗口截图复制到剪贴板，然后粘贴到图形编辑软件中，如"画图"或"Word"软件等，实现图片的编辑和保存。

说明：在某些键盘上，Print Screen 可能显示为 PrtScn、PrtSc、PrtScn 或类似的缩写。

2.6.3 计算器

计算器是 Windows 提供的一个计算工具，既可以实现加、减、乘、除等简单的运算，也具有编程计算器、科学型计算器和统计信息计算器的高级功能。另外还附带了单位换算、日期计算和工作表等功能。

单击"开始"按钮，在弹出的"开始"菜单中选择"计算器"命令来启动计算器。计算器从类型上分为标准、科学、程序员和日期计算 4 种。

1. 标准

计算器的默认界面为标准型界面，使用标准型计算器可以进行加、减、乘、除等简单的四则混合运算，如图 2-42 所示。例如，计算"7+8"，则先后单击"7""+""8""="，即可计算出相应的结果。

2．科学

选择"打开导航"→"科学"命令，即可打开科学型计算器，如图 2-43 所示。使用科学型计算器可以进行比较复杂的运算，如三角函数运算、平方和指数等，运算结果会精确到 32 位数，计算时按照运算符优先级进行运算。例如，计算 $13+4^5$，则先后单击"13""+""4""x^y""5""="即可。

3．程序员

选择"打开导航"→"程序员"命令，即可打开程序员型计算器，如图 2-44 所示。使用"程序员"型计

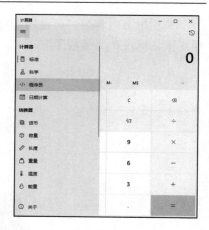

图 2-42 "计算器"窗口

算器可以实现进制之间的转换，及与、或、非等逻辑运算。计算时，计算器最多可精确到 64 位数。例如，将十进制 78 转换为二进制，则先后单击"DEC""7""8"即可显示相应的结果。

图 2-43 "科学"计算器窗口

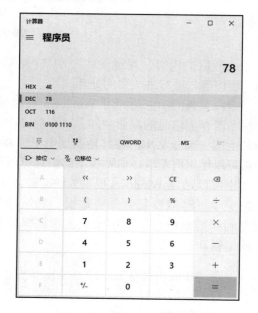

图 2-44 "程序员"计算器窗口

注意： 程序员模式下只是整数模式，小数部分将被舍弃。

4．日期计算

选择"打开导航"→"日期计算"命令，打开"日期计算"窗口，如图 2-45 所示。使用日期计算时，可以计算日期之间的相隔时间等。

除了标准、科学、程序员和日期计算外，还有体积、长度、重量、温度、能量等 13 种转换器。每个转换器里都有多种单位，通过下拉菜单或滚动鼠标选择其他的单位。

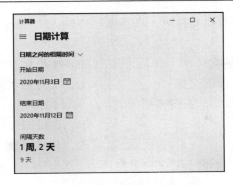

图 2-45　"日期计算"计算器窗口

2.7　习题

一、选择题

1. 下面软件中，（　　　）不是操作系统。

　　A．MS-DOS　　　　　　B．Windows 10　　　　C．UNIX　　　　　　D．Office

2. 计算机的软件包括（　　　）。

　　A．操作系统和工具软件　　　　　　　　B．单机软件和网络软件

　　C．系统软件和杀毒软件　　　　　　　　D．系统软件和应用软件

3. 在"此电脑"窗口中，对文件和文件夹不可按（　　　）排序。

　　A．名称　　　　　　　　B．内容　　　　　　　C．类型　　　　　　D．大小

4. 在不同窗口之间切换，可以选用组合键（　　　）。

　　A．〈Alt+Esc〉　　　　　B．〈Ctrl+Esc〉　　　　C．〈Alt+Tab〉　　　D．〈Ctrl+Tab〉

5. 将文件或文件夹直接删除，而不将它们放入回收站，正确的操作是（　　　）。

　　A．按〈Shift+Del〉组合键

　　B．按〈Del〉键

　　C．按〈Alt+Del〉组合键

　　D．在"文件"菜单中选择"删除"命令

6. 删除桌面上的某个应用程序的快捷方式图标，意味着（　　　）。

　　A．只删除了该应用程序，对应的图标被隐藏

　　B．该应用程序连同其图标一起被隐藏

　　C．该应用程序连同其图标一起被删除

　　D．只删除了图标，对应的应用程序被保留

7. 能在各种中文输入法之间切换的操作是（　　　）。

　　A．〈Ctrl+Shift〉　　　　　　　　　　　B．〈Ctrl+Space〉

　　C．〈Shift+Space〉　　　　　　　　　　D．〈Alt+Tab〉

8. 在 Windows 的对话框中，可以在其中输入数据的控件是（　　　）。

　　A．文本框　　　　　　　B．命令按钮　　　　　C．列表　　　　　　D．标签

9. 在 Windows 10 中查找文件时，在搜索栏中输入"*.exe"，表示要查找当前目录下（   ）。

    A．文件名为*.exe 的文件   B．文件名有一个为*的 exe 文件

    C．所有扩展名为 exe 的文件   D．文件名长度为一个字符的 exe 的文件

10. 在 Windows 10 中鼠标的右键多用于（   ）。

    A．弹出快捷菜单   B．选中操作对象

    C．启动应用程序   D．移动对象

11. 在 Windows 10 中，不合法的文件名是（   ）。

    A．AB.TXT   B．A:B.DOC   C．A_B.C   D．A%B.DOC

12. 下列能用记事本打开的文件是（   ）。

    A．my.avi   B．my.mid   C．my.mpg   D．my.txt

13. 在 Windows 10 中，用鼠标左键拖动一个文件到另一个磁盘中，实现的功能是（   ）。

    A．创建新文件   B．创建快捷方式

    C．移动   D．复制

14. 在 Windows 10 中，下列叙述错误的是（   ）。

    A．对选中的文件执行复制操作，该文件的内容将保存在剪贴板中

    B．可以通过"剪贴板"在不同应用程序间交换数据

    C．对文件执行剪切操作后，该文件只能被粘贴一次

    D．按〈Print Screen〉键后，则"剪贴板"中存放的是整个屏幕的画面

15. 下面关于"设置"的叙述错误的是（   ）。

    A．用户可以通过"设置"将硬盘文件系统转换为 NTFS 或 FAT32

    B．"设置"是对系统各种属性进行设置和调整的一个工具集

    C．"设置"可按"大图标"和"小图标"的形式进行查看

    D．用户可以通过"设置"改变桌面背景

16. 在 Windows 10 中，不同应用程序窗口之间进行切换，错误的方法是（   ）。

    A．单击某应用程序窗口的可见部分

    B．按〈Ctrl+Esc〉组合键

    C．按〈Alt+Tab〉组合键

    D．单击任务栏上对应的图标按钮

17. 在 Windows 10 中，若要恢复回收站中的文件，在选定待恢复的文件后，应选择文件菜单中的命令是（   ）。

    A．还原   B．清空回收站   C．删除   D．关闭

18. 关于 Windows 10 文件类型的描述，正确的是（   ）。

    A．一种类型的文件只能由一个应用软件来打开

    B．图标外观相同的文件，其扩展名一定相同

    C．"文件夹选项"功能中，可以设置"隐藏所有文件的扩展名"

    D．扩展名相同的文件，其图标外观可以不相同

19．在 Windows 中修改日期和时间，则应运行（　　）中的"日期/时间"。

　　A．资源管理器　　　　B．附件　　　　　　C．设置　　　　　D．计算器

20．快捷方式（　　）改变应用程序、文件、文件夹等在计算机的位置，它不是副本，而是一个指针，使用它可以更快捷的打开项目，删除、移动或重命名快捷方式（　　）影响原有的项目。

　　A．会，会　　　　B．不会，不会　　　　C．会，不会　　　D．不会，会

二、上机操作题

1．Windows 10 工作环境设置。

1）从"开始"菜单中找出"Microsoft Office Word 2016""记事本""计算器"程序，创建它们的快捷方式到桌面。

2）定制符合自己习惯的桌面背景和桌面上的项目。

3）为计算机设置屏幕保护程序。

4）查看本机上 C 盘和 D 盘的容量及剩余的磁盘空间。

2．Windows 10 文件管理。

1）在 D 盘根目录下创建文件夹"MyCopy"。

2）将文件夹"C:\Program Files\Microsoft Office\Templates"中的内容复制到文件夹"D:\MyCopy"下。

3）将"D:\MyCopy"中的文件夹"2052"的属性设置为"可以存档文件夹"，并取消"只读"属性。

4）在"D:\MyCopy"中创建新文件夹，并命名为"2046"。

5）文件夹"D:\MyCopy\2052"中查找文件名包含"e"且扩展名为"dotx"的文件，并复制到"2046"文件夹中。

6）将文件夹"D:\MyCopy\2052"中扩展名为"xltx"的文件移动到文件夹"2046"中，并将其属性设置为"隐藏""只读"。

7）更改文件的查看方式，使得能够查看到所有隐藏文件。

8）选择文件夹"D:\MyCopy\2052"中以"B"和"D"开头的文件，用鼠标拖动的方式将文件拖到"D:\MyCopy\2046"文件夹中。

9）选择文件夹"D:\MyCopy\2052"中以"L"开头的文件，用鼠标拖动的方式将文件拖到"桌面"。

10）彻底删除文件夹"D:\MyCopy\2052"中扩展名为"dotx"的文件。

11）删除"D:\MyCopy\2046"文件夹下的文件，删除后再从回收站中将其恢复。

3．Windows 系统配置。

1）更新计算机系统时间、日期，与 Internet 保持同步。

2）创建一个用户，用户名及密码自定。

3）安装一台打印机。

4．Windows 常用软件的使用。

（1）记事本的使用。

启动"记事本"程序，输入如图 2-46 所示的内容，并把它保存到"D：\MyCopy\"文件夹下，命名为"example.txt"。

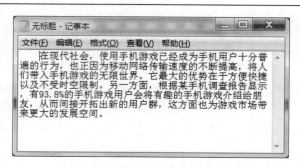

图 2-46　记事本程序示例

（2）计算器的使用。

1）使用计算器计算 $34^3+\sqrt{34}$ 。

2）将二进制 11011101 转换为八进制、十进制、十六进制。

3）求 23、45、34 和 67 的平方和。

（3）截图工具的使用。

打开"设置"→"外观和个性化"窗口，使用"截图工具"获取此窗口的截屏图，并使用笔工具在图上进行适当标注，最后将其保存在"D：\MyCopy\"文件夹中，命名为"tools.jpg"。

第 3 章　文字处理软件 Word 2016

Office 是微软（Microsoft）公司推出的一套办公自动化集成软件，从开始发行到现在，Office 已经发布了若干个版本，Microsoft office 2016 不仅具有以前版本的所有功能，还增加了很多新的更加强大的功能。同时，窗口界面更加美观大方，易于用户使用。

Office 2016 整个体系包含了约 12 个桌面客户端应用组件。这么多组件，很少有人会都用到。但有必要了解几个常用组件的基本功能，如表 3-1 所示。

表 3-1　Microsoft Office 2016 常用组件

组 件 名 称	基 本 功 能
Word 2016	用于文字处理、帮助用户创建和共享美观的文档
Excel 2016	一个功能强大的电子表格程序，用来进行各种数据处理与分析决策
PowerPoint 2016	可以快速创建出美观的动态演示文稿
Access 2016	用于关系数据库的管理，可以帮助信息工作者轻松创建有意义的报告
Outlook 2016	可以收发邮件，还能帮助用户管理日常的信息、工作任务和时间安排等
Publisher 2016	主要用于制作出版物、印刷品及带有精美样式的小册子等。简单易用，非常适合普通的用户

3.1　Word 2016 概述

Word 是微软开发的 Office 软件中的一个组件，可以完成文档编辑的任务。Word 2016 在界面、功能和应用上都和 Windows 10 保持了高度一致，还可以通过云端同步功能随时随地查阅文档。同时界面扁平化，新增了"触摸模式""Tell Me 搜索栏""文件共享"及"手写公式"等功能，可以更轻松地创建出具有专业水准的文档，快速制作各种书刊、信函、传真、公文和报纸等文档，且可以在文档中插入精美的图形、图片和表格等，从而编排出图、文、表并茂的文档。

3.1.1　Word 2016 的启动与退出

Office 2016 各组件的启动与退出基本一致，下面以 Word 2016 为例进行介绍。

图 3-1　Word 应用程序的启动

1. 启动
- 利用"开始"菜单：单击"开始"按钮 ，在弹出的"开始"菜单中，选择相应的应用程序命令，例如，"Word 2016"命令，如图 3-1 所示。
- 双击桌面上已建立的应用程序（如 Word 2016）快捷方式图标 。
- 双击已建立的应用程序文档（如 Word 2016 文档）。

2. 退出

- 单击应用程序（如 Word 2016）窗口右上角的"关闭"按钮 ✕，将退出 Word 2016 应用程序。
- 在标题栏空白处右击，从弹出的快捷菜单中选择"关闭"命令，如图 3-2 所示，将退出 Word 2016 应用程序。
- 选择"文件"→"关闭"命令，将关闭当前 Word 文档，但不退出应用程序，如图 3-3 所示。

图 3-2　使用快捷菜单退出 Word

图 3-3　关闭 Word 文档

- 使用快捷键〈Alt+F4〉，将退出 Word 2016 应用程序。

3.1.2　Word 2016 用户界面

Word 2016 的操作界面与 Word 2010 的操作界面类似，通过功能区将各种命令灵活地呈现出来，用户所需要的命令都触手可及，不仅美观大方，而且更加人性化，功能更丰富，操作也更方便。

1. Word 2016 的操作界面

Word 2016 操作界面如图 3-4 所示。

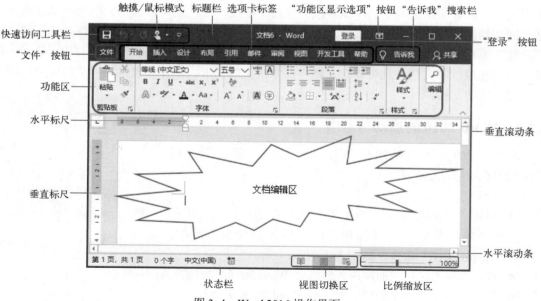

图 3-4　Word 2016 操作界面

（1）"文件"按钮

单击"文件"按钮，可打开"文件"菜单，选择相应的菜单项可完成新建文档、保存文档、打印文档及设置 Word 选项等常用操作。Word 2016 重点对"打开"和"另存为"界面进行了改进。如图 3-5 所示为"打开"界面，存储位置、浏览功能、当前位置和最近使用的位置都变得更加清晰明了。

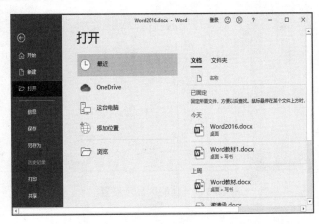

图 3-5　"打开"界面

（2）标题栏

标题栏位于窗口的最上方，由快速访问工具栏、文档名称—程序名称、"登录"按钮、"功能区显示选项"按钮和控制按钮组成。如图 3-6 所示。

图 3-6　标题栏

- 快速访问工具栏右侧有一个下拉按钮，单击该按钮，在弹出的下拉菜单中提供了一些常用命令，用户可选择是否将其添加到快速访问工具栏，从而自定义快速访问工具栏的设置。其中"触摸/鼠标模式"按钮用于鼠标模式和触摸模式的切换。触摸模式更利于手指直接操作，而鼠标模式则比较紧凑，能节省更多空间。
- "登录"按钮：如果创建了 Microsoft 账户，则单击"登录"按钮成功登录后，可使用更多的 Office 功能。
- "功能区显示选项"按钮：单击该按钮，在弹出的下拉菜单中可设置功能区的显示方式，如图 3-7 所示。可根据实际情况选择最适合的显示方式。

（3）功能区

功能区由选项卡、组和命令按钮组成。一般包含"开始""插入""设计""布局""引用""邮件""审阅"和"视图"等选项卡，单击选项卡可以将其展开，然后选择相应组中的命令按钮完成所需的操作。每个选项卡由多个组组成，如图 3-8 所示。有些组的右下角有一

个小按钮 ，将鼠标指针指向该按钮时，可预览对应的对话框或窗格，单击该按钮则弹出对应的对话框或窗格。

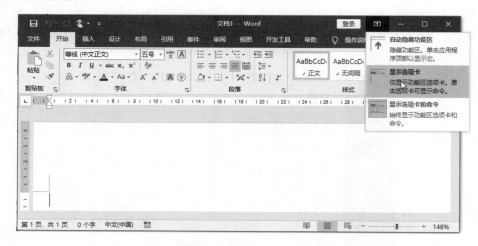

图 3-7　功能区显示设置

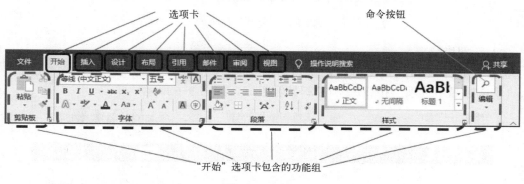

图 3-8　功能区

　　功能区是 Word 的控制中心，如果现有的选项卡或组无法满足需求，则可以自定义功能区。方法为：选择"文件"→"选项"命令，打开"Word 选项"对话框，如图 3-9 所示，选择"自定义功能区"选项，在右侧可以进行的操作有：新建选项卡、新建组并添加命令，还可以重命名等。

　　（4）"告诉我"搜索栏

　　"告诉我"搜索栏是全新的 Office 助手，非常实用，它提供了一种全新的智能化命令查找方式。在使用 Word 的过程中，"告诉我"搜索栏可以提供多种不同的帮助，如添加批注、插入脚注或解决其他故障等。

　　（5）标尺

　　标尺有水平标尺和垂直标尺两种，用来确定文档在屏幕及纸张上的位置。可以利用水平标尺上的缩进按钮进行段落缩进和边界调整。还可以利用垂直标尺上的制表符来设置制表位。标尺的显示或隐藏可以通过选择"视图"→"显示"组中的"标尺"复选框 ☑ 标尺 来实现。

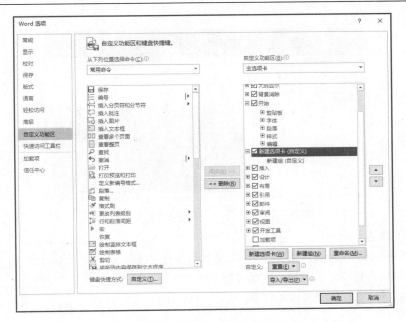

图 3-9　"Word 选项"对话框

（6）滚动条

滚动条分垂直滚动条和水平滚动条。用鼠标拖动滚动条可以快速定位文档在窗口中的位置。

（7）文档编辑区

文档编辑区就是窗口中间的大块空白区域，是用户输入、编辑和排版文本的位置，是工作区域。闪烁的"I"形光标即为插入点，可以接收键盘的输入。在编辑区里，用户可以尽情发挥聪明才智和丰富的想象力，编辑出图文并茂的作品。

（8）状态栏

状态栏位于窗口的底部，显示当前文档编辑的状态信息，如当前页及总页数、字数、文档检测结果等信息。用户也可以自定义状态栏中要显示的信息。方法为：将鼠标指针放到状态栏上并右击，自定义状态栏的窗口就出来了。

（9）视图切换区

视图指文档在 Word 应用程序窗口中的显示形式。在 Word 应用程序窗口的状态栏右侧，有几个视图切换按钮，单击这几个按钮可以实现视图之间的切换。

（10）比例缩放区

比例缩放区 位于窗口的右下角，即视图切换区的右侧，用户可以在该区域中通过拖动的方法来调整文档的显示比例。

2．上下文选项卡

在编辑特定类型的对象时出现的特殊命令集，就叫作"上下文选项卡"。如图 3-10 所示，选择需要处理的图片，选项卡面板将会自动添加并跳转到相应的"上下文选项卡"（即"图片工具"），通过这些选项卡，可以更容易地查找和使用所需的命令，从而轻松自如地执行操作。另外，上下文选项卡仅在需要它们时才会出现，这样也节省了一定的空间。

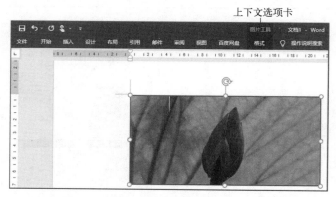

图 3-10　上下文选项卡

3．浮动工具栏

当在文档中用鼠标选取需要进行格式设置的文字内容后，浮动工具栏就会自动显示出来，方便进行字体、字号、样式、颜色等格式的设置，以提高工作效率，如图 3-11 所示。

图 3-11　浮动工具栏

3.1.3　Word 2016 视图方式

Word 2016 提供了五种视图方式，分别是草稿、Web 版式视图、页面视图、大纲视图和阅读视图。每种视图各有其特点，可以在"视图"→"视图"组中，单击不同的视图按钮，或单击视图切换区中相应的按钮来实现视图之间的切换。

1．草稿

单击"视图"→"视图"组中的"草稿"按钮![草稿]，可以切换到草稿。

该视图下，不显示页边距、页眉和页脚、图形和分栏等情况。当文档满一页时，会出现一条虚线。由于草稿不显示附加信息，因此具有占用计算机内存少、处理速度快的特点。在草稿下，可以快捷地进行文档的输入和编辑。

2．Web 版式视图

单击"视图"→"视图"组中的"Web 版式视图"按钮![]，或单击视图切换区中的"Web 版式视图"按钮![]，可以切换到 Web 版式视图。

Web 版式视图是以网页的形式显示文档内容，即模拟该文档在 Web 浏览器上浏览的效果。该视图下，不显示页眉页码等信息，而是显示为一个不带分页符的长页，是 Word 视图方式中唯一一种按照窗口大小自动换行显示的视图方式。

3．页面视图

单击"视图"→"视图"组中的"页面视图"按钮![]，或单击视图切换区中的"页面视图"按钮![]，可以切换到页面视图。

在页面视图下，用户看到的屏幕布局与将来的打印机上打印输出的结果完全一样，可以看到文档在纸张上的确切位置，即"所见即所得"。页面视图可用于编辑页眉和页脚、调整页边距、处理分栏和编辑图形对象等。页面视图是集浏览、编辑与排版于一体的视图方式，也是 Word 默认的、使用最多的视图方式。

4．大纲视图

单击"视图"→"视图"组中的"大纲视图"按钮![大纲]，可以切换到大纲视图。

在页面视图下，编辑几十页乃至几百页的长文档大纲（文档的各级标题）是一件很麻烦的事情。而在大纲视图下，编辑长文档大纲的操作将变得非常简单。大纲视图将文档中的所有标题分级显示出来，层次非常清楚。用户不仅能够方便地查看文档结构，且可以快速地修改各大纲级别文本的格式，也可以通过折叠文档来查看主要标题，或展开文档以查看所有标题及正文内容。大纲视图中不显示页边距、页眉和页脚、图片和背景。

5．阅读视图

单击"视图"→"视图"组中的"阅读视图"按钮，或单击视图切换区中的"阅读版式视图"按钮，可以切换到阅读视图。

阅读视图方式最适合阅读长篇文章。它会隐藏功能区，以全屏方式显示文档内容。当需要翻页时，可单击页面左侧的箭头按钮向下翻页，或可单击页面右侧的箭头按钮向上翻页。还可以通过阅读工具栏中的"工具"按钮进行查找定位，以及通过"视图"按钮进行相应的设置，如导航窗格、显示批注、列宽、页面颜色及布局等。如果对文档进行编辑，则自动退出阅读视图。

3.2　制作简单文档

任务描述

制作如图 3-12 所示的简单文档示例，熟悉 Word 2016 的基本功能和操作，熟练掌握最基本的排版方法。

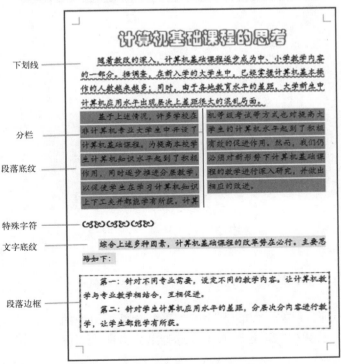

图 3-12　简单文档示例

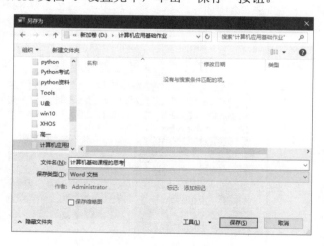

任务分析

在上述制作的文档中，主要用到了 Word 的如下功能。

- ☑ 文档的创建与保存
- ☑ 页面设置
- ☑ 特殊字符的插入
- ☑ 字符格式化
- ☑ 段落格式化
- ☑ 分栏
- ☑ 边框和底纹

操作步骤

1. 创建新文档并保存

1）启动 Word 2016，选择"空白文档"命令，系统会自动创建一个新文档。

2）选择"文件"→"另存为"命令，弹出"另存为"对话框，如图 3-13 所示，设置文件的保存路径，在"文件名"文本框中，输入文件的名称，如"计算机基础课程的思考"，"保存类型"选择"Word 文档"。设置完毕，单击"保存"按钮。

图 3-13 "另存为"对话框

2. 页面设置

制作文档之前，一般都需要根据实际需要进行页面设置，方法如下。

1）设置纸张方向：单击"布局"→"页面设置"组中的"纸张方向"按钮，从弹出的下拉列表中，选择纸张方向为"纵向"，如图 3-14 所示。

图 3-14 设置纸张方向

2）设置纸张大小：选择"布局"→"页面设置"→"纸张大小"命令，从弹出的下拉列表中，选择纸张大小为"A4"，如图 3-15 所示。

3）设置页边距：选择"布局"→"页面设置"→"页边距"命令，从弹出的下拉列表中，选择页边距为"窄"，以便能充分利用页面，如图 3-16 所示。

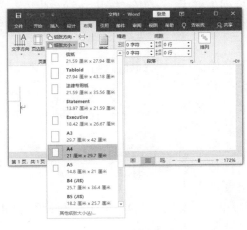

图 3-15　设置纸张大小

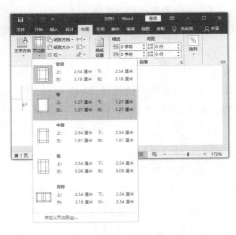

图 3-16　设置页边距

3. 输入文字与符号

设置好页面之后，需要输入文档的内容。

1）插入文本：选择自己最熟悉的输入法，在插入状态下输入文本，必要时采用按〈Enter〉键分段。

2）输入符号及特殊字符：单击"插入"→"符号"组中的 Ω 符号 ▾ 按钮，在其下拉列表框中选择"其他符号"，弹出"符号"对话框，如图 3-17 所示。切换到"符号"选项卡，在"字体"下拉列表框中，选择"Wingdings"选项，拖动滚动条，选择需要的特殊字符"♋"等，单击"插入"按钮即可。输入文字和符号之后，效果图如图 3-18 所示。

图 3-17　"符号"对话框

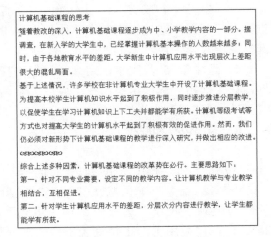

图 3-18　输入文字与符号后的效果图

4．字符格式设置

1）选中第 1 段的文本，单击"开始"→"字体"组中右下角的按钮，打开"字体"对话框，如图 3-19 所示。在"中文字体"下拉列表框中选择"华文彩云"；在"字形"下拉列表框中选择"加粗"；在"字号"下拉列表框中选择"小初"；在"字体颜色"下拉列表框中选择"深蓝，文字 2，淡色 40%"；单击"确定"按钮。

2）选中第 2、3、5、6、7 段文本，单击"开始"→"字体"组中右下角的"对话框启动器"按钮，打开"字体"对话框，在"中文字体"下拉列表框中选择"华文楷体"；在"字号"下拉列表框中选择"小二"，单击"确定"按钮。

图 3-19 "字体"对话框

3）选中第 2 段文本，用同样的方法，打开"字体"对话框，在"下划线线型"下拉列表框中，选择"较粗的单波浪线"选项，"下划线颜色"下拉列表框中，选择标准色"绿色"选项，单击"确定"按钮。

4）选中第 4 段文本，用同样的方法，设置字号为"一号"。

5．段落格式设置

1）选中第 1 段文本，单击"开始"→"段落"组中右下角的"对话框启动器"按钮，打开"段落"对话框，如图 3-20 所示。切换到"缩进和间距"选项卡，在"对齐方式"下拉列表框中选择"居中"，单击"确定"按钮。

2）选中第 2、3、5、6、7 段文本，用同样的方法打开"段落"对话框，在"缩进"选项组中，在"特殊（S）"下拉列表框中选择"首行"，在"缩进值"微调框中输入"2 字符"，单击"确定"按钮。

3）选中第 4 段文本，用同样的方法打开"段落"对话框，在"间距"选项组中，在"段前"和"段后"微调框中选择或输入"1 行"，单击"确定"按钮。

4）选中第 5 段文本，用同样的方法打开"段落"对话框，在"间距"选项组中，在"段后"微调框中选择或输入"1 行"，单击"确定"按钮。

6．添加边框和底纹

1）选中第 3 段文本，单击"开始"→"段落"→"边框"按钮，在其下拉列表中选择"边框和底纹"

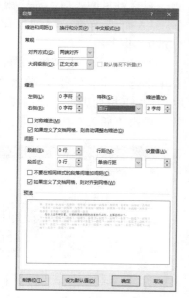

图 3-20 "段落"对话框

命令，弹出"边框和底纹"对话框，如图 3-21 所示。切换到"底纹"选项卡，在"填充"下拉列表框中选择"橙色，个性色 6，深色 25%"，在"应用于"下拉列表框中选择"段落"，单击"确定"按钮。

2）选中第 5 段文本，按照同样的方法，在"填充"下拉列表框中选择"水绿色，个性色 5，淡色 80%"，在"应用于"下拉列表框中选择"文字"，单击"确定"按钮。

3）选中第 6、7 段文本，打开"边框和底纹"对话框。切换到"边框"选项卡，如图 3-22 所示，在"设置"列表选择方框 方框(X)，在"样式"下拉列表框中选择" ▰▰▰▰▰▰▰ "，在"颜色"下拉列表框中选择"橙色，个性色 6，深色 50%"，在"应用于"下拉列表框中选择"段落"，单击"确定"按钮。

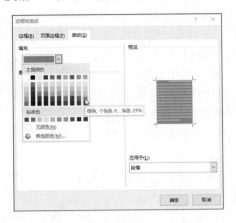

图 3-21　"边框和底纹"对话框

图 3-22　设置边框

7.　分栏

选定第 3 段文本，单击"布局"→"页面设置"组中的"栏"按钮 ▤，在弹出的下拉列表中选择"两栏"命令 ▤ 两栏。

主要知识点

3.2.1　基本编辑操作

1.　插入文本

把插入点放到要插入文本的位置，可直接插入新的文本内容。在"插入"状态下，新输入的文本将从插入点开始输入，原来位于该插入点后的文本自动向右移动。在"改写"状态下新输入的文本将覆盖原来位于插入点后的文本。

设置"插入"或"改写"状态，按〈Insert〉键即可。插入状态为系统默认状态。

提示：插入点的移动可通过鼠标指针移动和键盘命令来实现，见表 3-2。

表 3-2　键盘操作说明

按键	〈→〉	〈←〉	〈↑〉	〈↓〉	〈Home〉	〈End〉	〈Ctrl+Home〉	〈Ctrl+End〉	〈PgUp〉	〈PgDn〉
移动位置	右移一个字	左移一个字	上移一行	下移一行	回到行首	到达行尾	回到文首	到达文尾	上移一屏	下移一屏

2.　选定文本

在输入文本之后，如果要移动、复制和删除文本等，需要先进行选定文本操作。选定文本的方法如下。

- 选择文字：将鼠标指针移动到要选择文本开始位置的文字前，按下鼠标左键不放，拖动鼠标，使所需选择内容都反向显示后再松开鼠标左键。
- 选择一个单词：双击该单词。
- 选择图形：单击该图形。
- 选择一行文字：将鼠标指针移到该行左侧，待鼠标指针变成一个指向右上方的箭头时，单击即可。
- 选择多行文字：将鼠标指针移到该行左侧，待鼠标指针变成一个指向右上方的箭头时，按下鼠标左键不放，向上或向下拖动鼠标，选择好后松开鼠标左键。
- 选择一个句子：按住〈Ctrl〉键，然后在该句的任何地方单击即可。
- 选择一个段落：在该段落的任意位置三击鼠标左键。
- 选择多个段落：将鼠标指针移到该段落左侧，待鼠标指针变成一个指向右上方的箭头时，双击不松手并向上或向下拖动鼠标。
- 选择一大块文字：单击所选内容的开始处，再将鼠标指针移到所选内容的结束处，按住〈Shift〉键并单击。
- 选择矩形的一块文字：将鼠标指针移到预选块的一个角，按住〈Alt〉键，再按住鼠标左键并拖动鼠标。
- 选择整个文档：将鼠标指针移到文档左侧的任意位置，待鼠标指针变成一个指向右上方的箭头时，三击鼠标左键，或按〈Ctrl+A〉组合键。
- 取消文本的选定：只需在文档的任意位置单击即可取消文本的选定。

3. 删除文本

使用〈Delete〉键可删除插入点右边的字符；使用〈Backspace〉键可删除插入点左边的字符；删除多个字符时，先选定文本内容，再使用〈Delete〉键或〈Backspace〉键一次删除。

4. 移动、复制文本

移动文本时，选定的内容将从原位置删除，同时将它存放到剪贴板中，再将剪贴板的内容粘贴到新的位置；复制文本时，选定的文本仍处于原位置，而只是将它的备份存放到剪贴板中，再将剪贴板的内容粘贴到新的位置。

移动或复制文本的方法：选定要移动或复制的文本并右击，在弹出的快捷菜单中选择"剪切"或"复制"命令；将插入点移动到新的位置并右击，在弹出的快捷菜单中选择"粘贴"命令，即可完成移动或复制的操作。或使用快捷键进行操作，例如，按〈Ctrl+X〉组合键剪切文本，按〈Ctrl+C〉组合键复制文本，按〈Ctrl+V〉组合键粘贴文本。

5. 撤销和恢复

在输入和编辑文档的过程中，Word 2016 自动记录下最新的击键和刚刚执行过的一系列命令。这种存储使用户有机会改正错误的操作，如果不小心删除了需要的文本，千万不要着急，Word 2016 提供了强大的功能，那就是撤销与恢复。

（1）撤销

如果进行了误操作，可使用以下两种方法撤销刚才的操作。

- 单击快速访问工具栏中的"撤销"按钮 。还可以在"撤销"下拉列表框中选择特定的某一步进行撤销。
- 使用〈Ctrl+Z〉快捷键撤销上一步操作。

（2）恢复

在经过撤销操作后，"撤销"按钮右边的"恢复"按钮 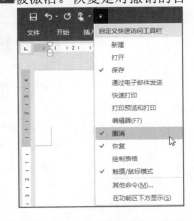 被激活。恢复是对撤销的否定，如果认为不应该撤销刚才的操作，可以通过单击"恢复"按钮 ⟳ 恢复。

提示：如果快速访问工具栏中没有"撤销"和"恢复"按钮，怎么办呢？单击快速访问工具栏右侧的下拉按钮，可以自定义快速访问工具栏，如图 3-23 所示，选中需要显示在快速访问工具栏中的选项即可。

图 3-23　自定义快速访问工具栏

3.2.2　查找与替换文本

在编辑一个长文档时，如果要查找某个字词，凭借眼睛逐行查找非常困难，还可能会有遗漏。使用 Word 2016 的查找功能，可以实现快速查找、定位，并能把查找到的文本替换成其他文本，极大地提高了编辑工作的效率，非常方便。"查找"和"替换"操作可以在"开始"→"编辑"组中完成。

1．查找

如果需要在文档中搜索"老师"字符串，方法如下。

1）单击"开始"→"编辑"组中的"查找"按钮 🔍 查找 ▾ ，在其下拉列表中，选择"高级查找"选项，打开"查找和替换"对话框，如图 3-24 所示。

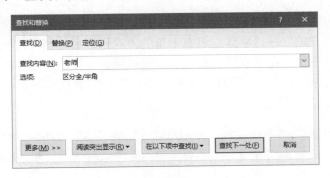

图 3-24　"查找和替换"对话框

2）在"查找和替换"对话框中，切换到"查找"选项卡，在"查找内容"文本框内输入"老师"，然后单击"查找下一处"按钮，Word 2016 会逐个找到要搜索的内容。

2．替换

如果在编辑文档的过程中，需要将文中所有的"老师"替换为"教师"，一个一个地手动改写，不但浪费时间，而且容易遗漏。Word 2016 提供了"替换"功能，可以轻松地解决这个问题。在文档中替换字符串的操作步骤如下。

1）单击"开始"→"编辑"组中的"替换"按钮 ⁿᵇᶜ 替换 ，或使用〈Ctrl+H〉快捷键，弹出"查找和替换"对话框。

2）在"查找和替换"对话框中，切换到"替换"选项卡，如图 3-25 所示。在"查找内容"文本框中输入"老师",在"替换为"文本框中输入"教师",然后单击"全部替换"按钮,就可以将文档中的"老师"全部替换为"教师";如果使用"查找下一处"按钮,可以有选择地替换其中的部分文字。全部替换完成后,Word 2016会提示已经完成了多少处替换。

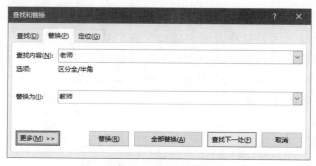

图3-25 "替换"选项卡

提示:在"查找和替换"对话框中可以使用"更多"按钮对查找或替换的内容进行格式上的设置。

3.2.3 字符格式化

字符格式化主要包括对文本的字体、字号、字形、颜色和字符间距等的设置,主要在"开始"→"字体"组中实现。

1. 字体的设置

1)选定要进行格式化的文本。

2)选择"开始"→"字体"组,如图3-26所示,可以方便快捷地进行多种格式的设置。

3)或者单击"开始"→"字体"组右下角的"对话框启动器"按钮,打开"字体"对话框,如图3-19所示。在"字体"选项卡中可以设置字体、字形、字号、颜色、下划线和效果等。例如,要设置效果,则直接选中"效果"前的复选框即可,允许同时使用多种文字效果。

提示:字号大小有两种表达方式,分别用"号"和"磅"为单位。格式化特大字的方法是选定要格式化的文本,在"字号"文本框中输入需要的磅值后,按〈Enter〉键即可。

2. 字符间距的设置

字符间距是指字符之间的距离。有时会因为文档设置的需要而调整字符间距,以达到理想的效果,具体方法如下。

1)选定要进行格式化的文本。

2)单击"开始"→"字体"组右下角的"对话框启动器"按钮,打开"字体"对话框,在弹出的"字体"对话框中选择"高级"选项卡,可以根据需要进行"缩放""间距""位置"的设置,如图3-27所示。

下面以文本"个人简历"为例演示字符的调整效果。

缩放:可通过下拉列表框选择缩放比例,或输入需要设定的值。

● 缩放比例150%:个人简历。

● 缩放比例 100%：个人简历。

图 3-26　"字体"组格式的设置

图 3-27　"字体"对话框

● 缩放比例 66%：个人简历。

间距：可以设置字间距标准、紧缩、加宽的磅值。

● 字符间距加宽 1 磅：个 人 简 历 。

● 标准字符间距：个人简历。

● 字符间距紧缩 1 磅：个人简历。

位置：可以设置字符位置的高低。下面将第 1 组和第 3 组"个人简历"分别在标准位置上上升和下降了 6 磅。

个人简历（上升）　　个人简历（标准）　　个人简历（下降）

3．格式刷

Word 2016 提供了快速复制字符或段落格式的功能，当需要快速复制某些已经设定了格式的字符或段落时，可以使用"格式刷"按钮 格式刷。操作方法如下。

1）选中具有排版格式的段落或文本。

2）单击"开始"→"剪贴板"→"格式刷"按钮 格式刷。

3）单击需要在其中应用格式的段落，或选中需要应用格式的文本，立即就可以看到该段落或该文本应用了相同的格式。

提示：如果在选定复制格式的源文本或段落后，双击"格式刷"按钮 格式刷，鼠标指针变成一个小刷子，则可进行多次格式复制。取消格式复制操作，只需再次单击"格式刷"按钮 格式刷，或按〈Esc〉键。

3.2.4　段落格式化

段落是 Word 的重要组成部分。所谓段落是指文档中两次〈Enter〉键之间的所有字符，包括段后的回车符。设置不同的段落格式，可以使文档布局合理、层次分明。段落格式主要是指段落中行距的大小、段落的缩进、换行和分页及对齐方式等。选择"开始"→"段落"组，如图 3-28 所示，可以方便快捷地进行段落格式的设置；或单击"开始"→"段落"组右下角的"对话框启动器"按钮⌐，打开"段落"对话框，如图 3-20 所示。段落格式主要包括以下几个方面。

图 3-28 "段落"组格式的设置

1）对齐方式：可以设置段落文本左对齐、居中对齐、右对齐、两端对齐和分散对齐等。

2）缩进：可以将选定的段落左、右边距缩进一定的量。

3）特殊：特殊中有"无""首行"和"悬挂"三种形式。

● 无：无缩进形式。

● 首行：段落中的第一行缩进一定值，其余行不缩进。

● 悬挂：段落中除了第一行之外，其余所有行缩进一定值。

4）间距：可以在段前、段后分别设置一定的空白间距，通常以"行"或"磅"为单位。

5）行距：指行与行之间的距离。

● 单倍、1.5 倍、2 倍、多倍行距：分别设定标准行距相应倍数的行距。

● 最小值：行间距会随着字号不同而发生变化，但最小值为设定值。

● 固定值：设定固定的磅值作为行间距。

提示：缩进的常用度量单位主要有三种：厘米、磅和字符。

6）边框和底纹。编辑文档的过程中，经常需要为文档中某些重要文本或段落添加边框和底纹，使得显示的内容更加突出和醒目。

在 Word 2016 中，可以为选定的字符、段落、页面及各种图形设置不同颜色的边框和底纹，从而美化文档，使文档格式达到理想的效果。具体操作如下。

● 选定要添加边框或底纹的文字或段落。

● 单击"开始"→"段落"组中的"边框"按钮⊞ ，在其下拉列表框中选择"边框和底纹"选项，弹出"边框和底纹"对话框。

● 选择"边框"选项卡，分别设置边框的样式、线型、颜色、宽度、应用范围等，应用范围可以是选定的"文字"或"段落"。对话框右侧会出现效果预览，用户可以根据预览效果随时进行修改，直到满意为止。

● 选择"页面边框"选项卡，分别设置边框的样式、颜色、宽度、应用范围等。如果要使用"艺术型"页面边框，可以在"艺术型"下拉列表框中选择相应的选项。应用范围可以是：整篇文档、本节、本节—仅首页、本节—除首页外所有页。

● 选择"底纹"选项卡，分别设定填充底纹的颜色、图案和应用范围等。

3.2.5 页面设置

一般文档都有统一的页面设置要求，这时，应该对文档进行相应的页面设置，方法如下。

1．页边距

1）选择"布局"→"页面设置"→"页边距"选项，从弹出的下拉列表中选择合适的页边距，如常规、窄、宽等。

2）如果没有合适的页边距，用户还可以自定义页边距：选择"布局"→"页面设置"→"页边距"命令，从弹出的下拉列表中选择"自定义页边距"命令，打开"页面设置"对话框，切换到"页边距"选项卡，如图 3-29 所示，在"上""下""左""右"微调框中，根据实际需要，输入合适的值，单击"确定"按钮。

2．纸张方向

选择"布局"→"页面设置"→"纸张方向"选项，从弹出的下拉列表中，选择"纵向"或"横向"。

3．纸张大小

1）选择"布局"→"页面设置"→"纸张大小"选项，从弹出的下拉列表中，选择合适的纸张大小，如选择"A4"。

2）如果没有合适的纸张，用户还可以自定义纸张大小：选择"布局"→"页面设置"→"纸张大小"选项，从弹出的下拉列表中，选择"其他纸张大小"命令，打开"页面设置"对话框，切换到"纸张"选项卡，如图 3-30 所示，从"纸张大小"下拉列表框中选择"自定义大小"选项，然后根据实际需要，在"宽度"和"高度"微调框中输入合适的值，单击"确定"按钮。

图 3-29　自定义页边距

图 3-30　自定义纸张大小

4．分栏

为美化版面的布局，往往会将页面一分为二（或更多），从而使内容的分布更加条理化。Word 2016 提供了非常强大的分栏功能，具体操作如下。

1）选定需要设置分栏的文本。

2）单击"布局"→"页面设置"组中的"栏"按钮，在下拉列表中直接选择两栏、三栏等设置。

3）如果不能满足要求，可在下拉列表中选择"更多栏"命令。打开"栏"对话框，如图 3-31 所示。

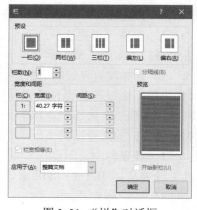

4）在"预设"选项组中可选择分栏格式，另外还可以设置栏数、是否需要分隔线、栏宽是否相等。如果要建立不等的栏宽，要取消"栏宽相等"复选框，各栏的宽度可在微调框中直接输入或通过微调按钮调节。在"应用于"下拉列表框中，还可以设定分栏的范围，可以是整篇文档或所选文字。

5）设置完毕，单击"确定"按钮即可。

3.2.6 打印预览与打印

图 3-31 "栏"对话框

1. 打印预览

打印之前一般需要预览一下文档，从整体上查看文档的效果，以便及时发现不妥之处，如设置更合适的页边距、分栏等。打印预览方法如下。

1）选择"文件"→"打印"命令，如图 3-32 所示，最右侧即为打印预览的效果。

2）单击左上角的 ⊙ 按钮，将返回文档编辑状态。

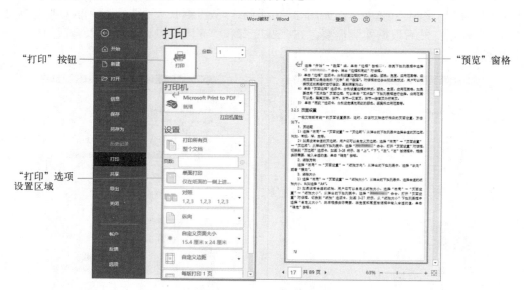

图 3-32　打印预览

2. 打印

如果对"打印预览"效果不满意，则可以对打印进行相应的设置。

1）在"打印机"选项组的下拉列表框中选择要使用的打印机。选择"打印机属性"选项，打开相应的对话框还可以进一步设置。

2）在"设置"选项组的列表中，可以选择打印范围。例如，打印所有页、打印当前页面及自定义打印范围；还可以选择"仅打印奇数页"或"仅打印偶数页"等。如果要打印连续的多页，如 4～13 页，则在"页数"文本框中输入"4-13"，如果要打印不连续的多页，如 2、4、7、9 页，则在"页数"文本框中输入"2,4,7,9"。注意页码之间的符号应在英文、半角状态下输入。

3）可选择"单面打印"或"手动双面打印"。"手动双面打印"可以节省纸张，即正反面打印。

4）设置纸张的大小、方向、边距等。

5）设置完毕，若打印预览效果满意，则单击"打印"按钮即可开始打印。

3.2.7　其他功能

1. 制表位

在文字处理中，经常会遇到文字对齐的问题。例如，制作课程表等，通常可以采用空格来完成，但采用这种方法，一般无法准确地对齐。采用制表位来实现对齐效果会十分理想。

制表位共有五种类型：左对齐 、右对齐 、居中 、小数点对齐 和竖线对齐 。它的设置有两种方法：使用标尺设置或使用"制表位"命令来设置。

（1）利用标尺设置制表位

在垂直标尺的最左端有一个"制表符"按钮，单击该按钮，将轮流出现五种不同的制表符，设置方法如下。

1）将插入点定位在需要插入制表位的行。

2）单击"制表符"按钮，选择需要的制表位类型，如选择"左对齐式制表符" 。

3）根据实际情况，将鼠标指针沿着水平标尺移至需要的位置单击，标尺上会出现刚才所选择的制表位图标，也就设定好了一个该类型的制表位。用鼠标拖动该制表位，可以改变其位置。

4）用同样的方法（即先选择制表符类型，再设定制表位的位置）设定好所需要的全部制表位。如图 3-33 所示。

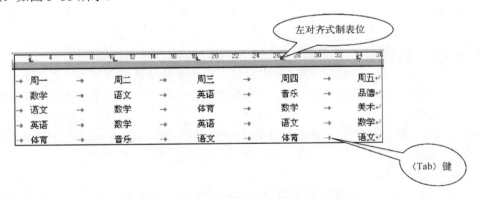

图 3-33　利用左对齐式制表符制作的课程表

5）将鼠标指针移动到行首的位置，按〈Tab〉键，将直接到达第一个制表位的位置，输入相应的文本，再按〈Tab〉键，到达第二个制表位的位置，再输入相应的文本，以此类推。

6）输入完一段后，按〈Enter〉键，制表位的设置将自动复制到下一段，以此类推。

（2）利用"制表位"命令设置制表位

利用此方法，可以精确地设定制表位的位置，操作步骤如下。

1）将插入点定位在需要插入制表位的行。

2）选择"开始"→"段落"选项，单击"对话框启动器"按钮，打开"段落"对话框，单击左下角的"制表位"按钮，打开"制表位"对话框，如图3-34所示。

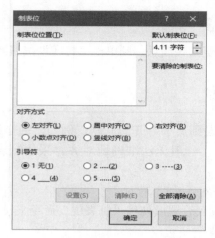

图 3-34 "制表位"对话框

3）在"制表位位置"列表框中设定具体的数值，选择设置制表位合适的对齐方式和引导符，单击"设置"按钮，即设定好一个制表位。重复上述步骤，设定更多的制表位。然后单击"确定"按钮。

4）将鼠标指针移动到行首的位置，按〈Tab〉键，鼠标指针将直接到达第一个制表位的位置，输入相应的文本，再按〈Tab〉键，到达第二个制表位的位置，再输入相应的文本，以此类推。

5）输入完一段后，按〈Enter〉键，制表位的设置将自动复制到下一段，以此类推。

（3）取消制表位

取消制表位有如下两种方法。

1）用鼠标将水平标尺上需要删除的制表位图标拖出水平标尺区域即可。

2）打开"制表位"对话框，在"制表位位置"列表框中选择需要删除的制表位，然后单击"清除"按钮，即可删去该制表位。如果需要全部清除，单击"全部清除"按钮即可。

2．中文版式

有时候需要一些特殊的中文版式，使文章呈现更加生动的效果。Word 2016 提供了五种中文版式，包括纵横混排、合并字符、双行合一、调整宽度和字符缩放。

（1）纵横混排

纵横混排功能可以在横排的文本中插入纵向的文本，或在纵向的文本中插入横排的文本，操作步骤如下。

1）选中需要设置格式的文本（如"红豆"）。

2）选择"开始"→"段落"组，单击"字符缩放"按钮，在其下拉菜单中选择"纵横混排"选项，打开"纵横混排"对话框，如图3-35所示。根据需要，可选中"适应行宽"复选框。

3）设置完毕，单击"确定"按钮。

（2）合并字符

合并字符功能可以将多个字符分两行合并为一个字符，操作步骤如下。

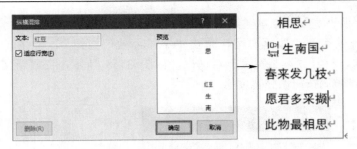

图 3-35   "纵横混排"对话框

1）选定需要合并的字符（如"发几枝"）。

2）选择"开始"→"段落"组，单击"字符缩放"按钮 ✖，在其下拉菜单中选择"合并字符"选项，打开"合并字符"对话框，如图 3-36 所示。

3）设定合并后字符的字体和字号。

4）设置完毕，单击"确定"按钮。

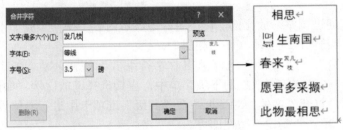

图 3-36   "合并字符"对话框

（3）双行合一

双行合一功能可以实现双行合一的效果，操作步骤如下。

1）选中需要并排排列的文本（如"愿君"）。

2）选择"开始"→"段落"组，单击"字符缩放"按钮 ✖，在其下拉菜单中选择"双行合一"选项，打开"双行合一"对话框，如图 3-37 所示，根据需要，可选中"带括号"复选框，并设置括号的样式。

3）设置完毕，单击"确定"按钮即可。

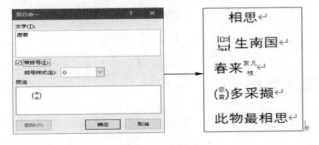

图 3-37   "双行合一"对话框

（4）调整宽度

调整宽度功能可以为字符设置宽度，从而调整整体布局，操作步骤如下。

1）选中需要调整宽度的文本（如"采撷"）。

2）选择"开始"→"段落"组，单击"字符缩放"按钮 ，在其下拉菜单中选择"调整宽度"选项，打开"调整宽度"对话框，如图 3-38 所示，在"新文字宽度"微调框中，输入值或通过微调按钮调整宽度值。

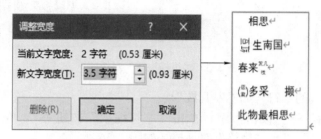

图 3-38 "调整宽度"对话框

3）设置完毕，单击"确定"按钮即可。

（5）字符缩放

字符缩放功能通过调整缩放比例，以便更好地展示内容，操作步骤如下。

1）选中需要字符缩放的文本（如"相思"）。

2）选择"开始"→"段落"组，单击"字符缩放"按钮 ，在其下拉菜单中选择"字符缩放"选项，在"字符缩放"的下级菜单中，直接选择缩放比例，如图 3-39 所示。或选择"其他"选项，打开"字体"对话框，在"高级"选项卡中进行具体设置。

3）设置完毕，单击"确定"按钮即可。

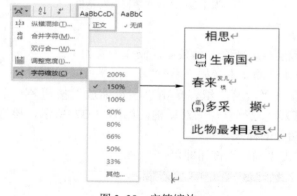

图 3-39 字符缩放

3.3 制作图文混排文档

任务描述

综合利用所学知识，制作如图 3-40 所示的海报，进一步熟悉 Word 2016 的操作功能，并灵活掌握在文档中使用各种对象的技巧。

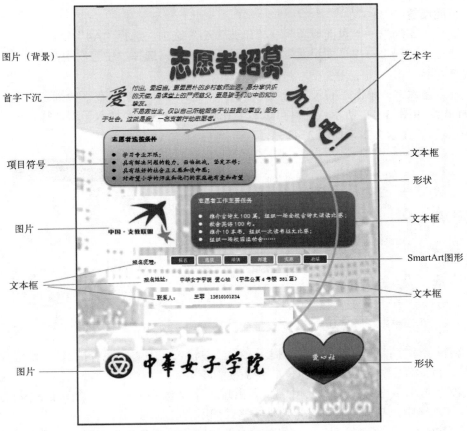

图 3-40　海报效果图

（图中标注文字）
图片（背景）
首字下沉
项目符号
图片
文本框
图片
艺术字
文本框
形状
文本框
SmartArt图形
文本框
形状

（海报内图文）
志愿者招募
加入吧！

爱

付出，爱担当，要想原朴的乡村教师生活，是分享快乐的天使，是课堂上的严师慈父，亚是孩子们心中的知心挚友。
不忘青世生，仅以自己所能服务于公益爱心事业，服务于社会。这就是我，一名支教行动志愿者。

志愿者选拔条件
● 学习专业不限；
● 具有解决问题的能力，面临挑战，鉴克不移；
● 具有根好的社会主义惑和使命感；
● 对希望小学的师生和他们的家庭地有爱和希望

志愿者工作主要任务
● 推介古诗文100篇，组织一场全校古诗文诵读比赛；
● 教会英语100句；
● 推介10本书，组织一北读书征文比赛；
● 组织一场校园运动会……

报名流程： 报名 选拔 培训 派遣 实施 结培
报名地址： 中华女子学院 爱心社 （学生公寓4号楼 501室）
联系人： 王菲 13610101234

中国·支教联盟
中华女子学院
www.cwu.edu.cn
爱心社

任务分析

在上述海报的制作中，分别用到了 Word 2016 的如下功能。
- ☑ 艺术字
- ☑ 首字下沉
- ☑ 文本框
- ☑ 项目编号或符号
- ☑ 形状
- ☑ SmartArt 图形
- ☑ 图片

操作步骤

海报是极为常见的一种招贴形式，多用于电影、戏剧、比赛和宣传等活动。海报的语言要求简明扼要，形式新颖美观。如图 3-40 所示的海报制作步骤如下。

1. 页面设置

1）选择"布局"→"页面设置"→"纸张大小"选项，选择"A4"纸。

2）选择"布局"→"页面设置"→"页边距"选项，选择"中等"型。

2. 艺术字

1）插入艺术字：单击"插入"→"文本"→"艺术字"按钮，在下拉列表中选择需要的艺术字样式，如图 3-41 所示，此时可以看到在相应的位置已经插入了所选样式的艺术字，并在其中显示了提示文字，如图 3-42 所示。

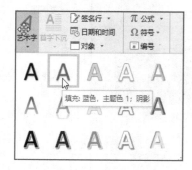

图 3-41　艺术字样式

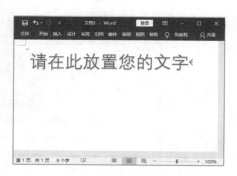

图 3-42　编辑艺术字文字

2）编辑艺术字：删除艺术字中的提示文字，并输入文本"志愿者招募"，设置合适的字体字号等。例如，字体为"华文琥珀"，字号为"44"。

3）设置艺术字格式：选中艺术字，会出现上下文选项卡——"绘图工具|格式"选项卡，在此选项卡中，基本包含了设置艺术字格式的所有工具。

● 环绕方式：选择"排列"→"环绕文字"→"上下型环绕"选项，如图 3-43 所示。

● 文本效果：选择"艺术字样式"→"文本效果"→"转换"选项，选择合适的文本效果。例如，选择"弯曲"→"朝鲜鼓"选项，如图 3-44 所示。

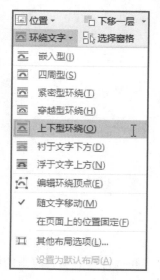

图 3-43　环绕方式

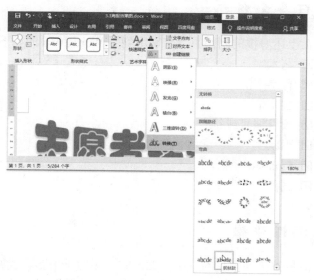

图 3-44　艺术字文本效果

- 对齐方式：选择"排列"→"对齐"→"水平居中"选项。

4）使用同样的方法插入艺术字"加入吧!"，其格式如下。

- 选择"艺术字样式 1"；字体为"隶书"，字号为 36。
- 单击"绘图工具|格式"→"艺术字样式"→"文本填充"按钮，选择合适的填充颜色。例如，选择"蓝色，个性色 1"选项，如图 3-45 所示。
- 单击"绘图工具|格式"→"艺术字样式"→"文本轮廓"按钮，选择合适的文本轮廓颜色。例如，选择"红色，个性色 2"选项，如图 3-46 所示。

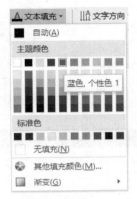 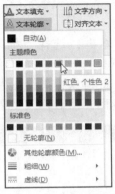

图 3-45 "文本填充"颜色选择　　　　图 3-46 "文本轮廓"颜色选择

- 单击"绘图工具|格式"→"艺术字样式"→"文本效果"→"转换"按钮，选择合适的文本效果。例如，选择"弯曲"→"下翘"选项。
- 单击"绘图工具|格式"→"大小"组，单击右下角的"对话框启动器"按钮，打开"布局"对话框，切换至"大小"选项卡，如图 3-47 所示，根据实际情况设置合适的高度、宽度及旋转等。

图 3-47 "布局"对话框

● 设置其环绕方式为"四周型",并拖动艺术字"加入吧!",放置在合适的位置。

3. 首字下沉

1)输入正文文字"爱付出……这就是我,一名支教行动志愿者。"并设置字体为幼圆、小四号、倾斜、蓝色。

2)将插入点定位于此段中,选择"插入"→"文本"→"首字下沉"选项,在下拉列表中选择"首字下沉选项",打开"首字下沉"对话框,如图 3-48 所示,设置字体为"方正舒体",下沉行数为"3"。设置完毕,单击"确定"按钮。

4. 文本框

1)插入文本框:选择"插入"→"文本"→"文本框"命令,在下拉列表中选择"绘制横排文本框"选项,如图 3-49 所示,此时鼠标指针变为"+",在合适位置拖动鼠标即可绘制文本框,然后输入文字。

图 3-48 "首字下沉"对话框

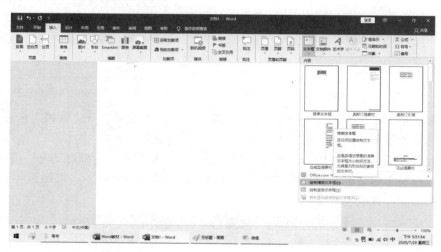

图 3-49 插入文本框

2)设置文本框中的文本格式:所有文字均为小四号,第一段为宋体、加粗,其余各段文字为"楷体",如图 3-50 所示。

图 3-50 设置文本格式

3)设置文本框格式:选中文本框,会出现"绘图工具|格式"选项卡,单击该选项卡,显示出该选项卡下的所有组。

● 从"主题样式"列表中,单击"其他主题填充"选项,选择需要的文本框总体外观样式，如图 3-51 所示。
- 从"插入形状"组中，选择"编辑形状"→"更改形状"选项，修改文本框的外形。选择"矩形"→"圆角矩形"▭，可实现圆角，如图 3-52 所示。

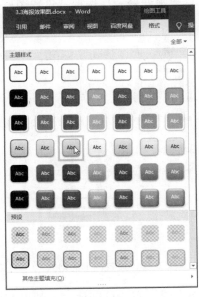

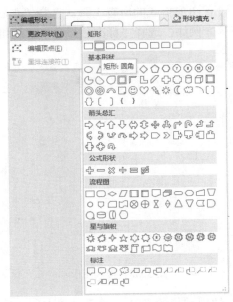

<table>
<tr><td>图 3-51　选择文本框样式</td><td>图 3-52　更改文本框形状</td></tr>
</table>

- 在"艺术字样式"组中，单击"文本效果"→"阴影"选项，选择需要的阴影效果。例如，选择"无阴影"，如图 3-53 所示。
- 在"排列"组中，单击"环绕文字"按钮，选择"四周型环绕"选项。
- 按照同样的方法，绘制本海报中的其他文本框，并设置相应的格式。

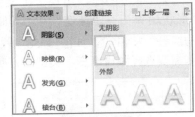

5. 项目符号

选中文本框后四段文字，单击"开始"→"段落"中的"项目符号"按钮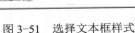，效果如图 3-54 所示。

图 3-53　设置阴影效果

图 3-54　添加项目符号的效果

6. 形状

1）单击"插入"→"插图"→"形状"按钮，选择"基本形状"→"弧形"按钮⌒，如图 3-55 所示，此时鼠标指针变为"+"，在合适位置拖动鼠标即可绘制所需的图形，然后适当调整其大小。

2）单击图形，会出现上下文工具——"绘图工具|格式"选项卡，在此选项卡中，基本包含了设置图形格式的所有工具。选择"形状样式"→"形状轮廓"选项，设置图形的颜色及粗细等。例如，选择"标准色橙色"，"粗细"选择"4.5 磅"等，如图 3-56 所示。

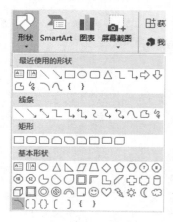

图 3-55　插入图形

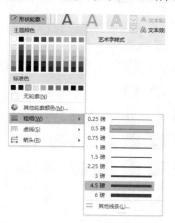

图 3-56　设置图形的格式

3）使用同样的方法，插入"基本形状"→"心形"♡。右击该图形，在弹出的快捷菜单中选择"添加文字"选项，如图 3-57 所示，输入"爱心社"，并设置文字的字体、字号为"方正舒体，三号"。

4）单击图形，出现上下文工具——"绘图工具|格式"选项卡，选择"形状样式"→"形状填充"→"渐变"→"其他渐变"选项，将弹出"设置形状格式"对话框，单击"填充与线条"按钮◇，如图 3-58 所示，选择"填充"选项组中的"渐变填充"单选按钮，根据实际需要选择预设渐变、类型、方向、角度、颜色及位置等，并调整渐变光圈。

图 3-57　为"心形"添加文字

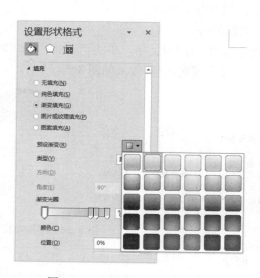

图 3-58　"设置形状格式"对话框

7.　SmartArt 图形

1）单击"插入"→"插图"→"SmartArt"按钮，打开"选择 SmartArt 图形"对话框，如图 3-59 所示，在左侧列表中选择"流程"选项，在右侧列表中选择"连续块状流程"选项，单击"确定"按钮，将插入 SmartArt 图形，适当调整图形的大小。

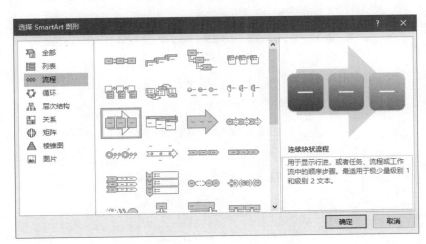

图 3-59　"选择 SmartArt 图形"对话框

2）选中 SmartArt 图形，会出现上下文工具——"SmartArt 工具|格式"选项卡，单击"排列"→"环绕文字"按钮，在其下拉列表中选择合适的环绕方式，如"四周型"。拖动该图形到合适的位置。

3）选中该图形，左侧会出现一个小箭头，单击该箭头，将出现如图 3-60 所示的输入文字的小窗口，通过该窗口还可以增加或删除流程的级数。根据实际情况，这里取 6 级，并输入文本。再次单击小箭头，即可关闭该小窗口。

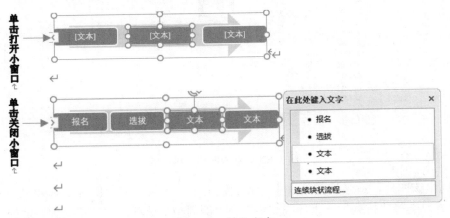

图 3-60　输入文本

4）选中 SmartArt 图形，会出现上下文工具——"SmartArt 工具|设计"选项卡，单击"SmartArt 样式"→"更改颜色"按钮，选择合适的颜色使其效果更加漂亮，如图 3-61 所示。

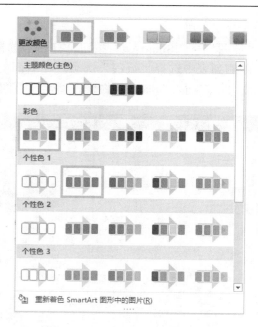

图 3-61　更改 SmartArt 图形颜色

8. 图片

1）单击"插入"→"插图"组中的"图片"按钮，选择"此设备"选项，打开"插入图片"对话框，选择需要插入的图片文件，单击"插入"按钮即可，如图 3-62 所示。

图 3-62　"插入图片"对话框

2）选中该图片，适当调整其大小。并通过上下文工具——"图片工具|格式"选项卡设置图片格式。选择"排列"→"环绕文字"→"四周型"选项，将其移动到合适的位置。

3）使用同样的方法插入另外两张图片。其中，"校园.jpg"是作为海报的背景图片的。背景图片起到一个衬托的作用，其环绕方式选择"衬于文字下方"，并设置冲蚀效果。方法是：选择"图片工具|格式"→"调整"→"颜色"→"重新着色"→"冲蚀"选项，如图 3-63 所示。

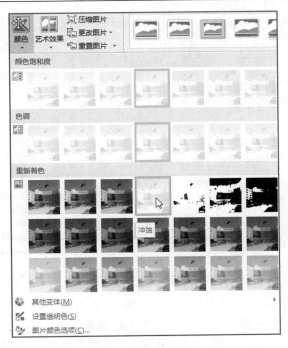

图 3-63　设置冲蚀效果

主要知识点

3.3.1　艺术字

艺术字是具有特殊艺术效果的文字，经常被应用于各种演示文稿、海报、文档标题和广告宣传册中。在文档中插入艺术字，能够美化文档，突出主题。有关艺术字的具体操作如下。

1．插入艺术字

1）将插入点放在需要插入艺术字的位置。

2）单击"插入"→"文本"→"艺术字"按钮，选择需要的艺术字样式，例如，选择"填充：蓝色，主题色 1；阴影"，即可看到在相应的位置已经插入了所选样式的艺术字，并在其中显示了提示文字。

3）删除艺术字中的提示文字，并输入文本。例如，输入"崇德 至爱"后，设置艺术字的字体和字号，即字体为"隶书"和字号为"40"，得到如图 3-64 所示的艺术字效果。

图 3-64　艺术字效果

艺术字插入文档以后，一般要对艺术字进行编辑，如改变艺术字的内容、字体字号、形状样式、艺术字样式、文本、排列及大小等。方法如下：选中艺术字，会出现上下文工具——"绘图工具|格式"选项卡（注意：只有选中艺术字，才会出现此选项卡），在此选项卡中，包含了设置艺术字格式的所有工具。下面逐一详细介绍。

2. 形状样式

在"绘图工具|格式"→"形状样式"组中完成。

1）形状样式：单击"形状样式"组中的"其他"按钮⊠，可查看更多的样式，单击某种样式，即可修改。

2）形状填充：单击"形状填充"按钮右侧的下拉按钮，例如，选择"标准色"→"深红"选项。另外，根据实际情况，还可以为艺术字选择"无填充""其他填充颜色""图片""渐变""纹理"等效果。

- 单击"其他填充颜色"按钮，打开"颜色"对话框，如图 3-65 所示，可以选择用户自定义的填充颜色。

图 3-65　设置自定义填充颜色

- 单击"纹理"级联菜单，可选择不同的纹理效果。或单击"其他纹理"按钮，将打开"设置形状格式"窗格，如图 3-66 所示，可以填充图片、纹理或图案等。

- 单击"渐变"级联菜单，可选择不同的渐变效果，或单击"其他渐变"按钮，打开"设置形状格式"对话框，如图 3-67 所示，选择渐变填充：可设置"预设渐变""类型""方向"及"角度"等。

图 3-66　图案填充

图 3-67　渐变设置

3）形状轮廓：单击"形状轮廓"按钮右侧的下拉按钮，可以在下拉列表中选择"无轮廓""其他轮廓颜色"，还可以选择线条颜色、粗细、虚线等；也可单击"形状轮廓"→"粗细"→"其他线条"按钮,打开"设置形状格式"对话框进行线条的详细设置。

4)形状效果:单击"形状效果"按钮右侧的下拉按钮,可以设置形状的特殊效果,包括预设、阴影、映像、发光、柔化边缘、棱台及三维旋转等,如图 3-68 所示。

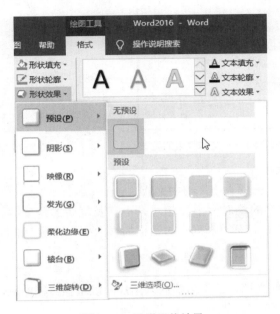

图 3-68　设置形状效果

3.艺术字样式

在"绘图工具|格式"→"艺术字样式"组中完成。

"艺术字样式"组与"形状样式"组非常相似,仅仅是针对的对象不同而已,如图 3-69 所示。"形状样式"组针对艺术字的总体形状进行设置,而"艺术字样式"组则针对文本进行设置。

4.文本

在"绘图工具|格式"→"文本"组中完成。

1)文字方向:单击"文字方向"按钮右侧的下拉按钮,其下拉列表中包括了水平、垂直、将所有文字旋转 90°等效果。或选择"文字方向选项"选项,打开"文字方向—文本框"对话框进行设置。

2)对齐文本:单击"对齐文本"按钮右侧的下拉按钮,可在其下拉列表中可以选择不同的对齐方式,主要用来调整同一个编辑框中多行艺术字之间的对齐方式。

5.艺术字的排列方式

在"绘图工具|格式"→"排列"组中完成。

单击"排列"→"环绕文字"按钮,从弹出的下拉列表中可以设定不同的环绕方式,或单击"其他布局选项"按钮,打开"布局"对话框进行详细设置,如图 3-70 所示。还可以结合"位置"按钮 位置 来调整艺术字在文档中的位置等。

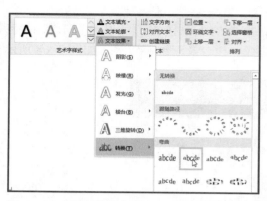

图 3-69　"艺术字样式"组——文本效果的设置

图 3-70　"布局"对话框

6．设置艺术字的大小

在"绘图工具|格式"→"大小"组中完成。

该组主要设定艺术字的绝对大小和相对大小，及旋转的角度等。可通过单击右下角的"对话框启动器"按钮，打开"布局"对话框的"大小"选项卡来设置。

3.3.2　图片

为了得到图文并茂的文档，经常需要插入图片，以增强文档的显示效果，方法如下。

1．插入本机图片

1）将鼠标指针定位在要插入图片的位置。

2）选择"插入"→"插图"→"图片"→"此设备"选项，打开"插入图片"对话框，如图 3-71 所示。选择需要插入的图片，单击"插入"按钮即可。

2．插入联机图片

1）确定要插入图片的位置，单击"插入"→"插图"→"图片"→"联机图片"按钮，如图 3-72 所示，选择"必应图像搜索"选项，输入关键字即可，例如，输入"季节"，将出现相关的联机图片，如图 3-73 所示。

图 3-71　"插入图片"对话框

图 3-72　插入联机图片

2）还可以对图片进行筛选，单击"筛选"按钮，在快捷菜单中可按需求进行筛选。例如，选择"类型"→"剪贴画"选项，如图 3-74 所示。

图 3-73　搜索结果

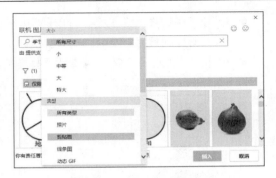

图 3-74　筛选"剪贴画"

3．图片的基本操作

1）图片的选定：对图片进行编辑时，首先要选定对象，单击对象即可。对象被选定时，周围会出现八个控制柄。

2）调整图片的大小：单击选定的对象，鼠标指向控制柄，鼠标指针变成双向的箭头，按住鼠标左键拖动就可以随意改变对象的大小。

3）图片的移动：用鼠标左键按住浮动式对象可以将其拖放到页面的任意位置，鼠标左键按住嵌入式对象可以将其拖放到有插入点的任意位置。还可以利用剪贴板，使用"剪切"与"粘贴"命令实现对象的移动。

提示：可以使用键盘对图片位置进行微调。方法是：单击要微调的图片，使用〈Ctrl+←〉(↑、→、↓) 方向键可以分别向左（向上、向右、向下）轻微移动图片。

4）图片的复制：复制图片的方法主要有两种。一种是用鼠标拖动图片的同时按住〈Ctrl〉键，就可以实现图片的复制。另一种方法是利用剪贴板，使用"复制"与"粘贴"命令实现图片的复制。

5）图片的删除：图片被选定后，按〈Delete〉键就可将其删除，还可以使用快捷菜单中的"剪切"命令。

4．编辑图片

选中图片对象，会出现上下文工具——"图片工具|格式"选项卡，在此选项卡中，包含了设置图片对象格式的所有工具。下面所有的操作，都是在"图片工具|格式"选项卡中完成的。

（1）"调整"组

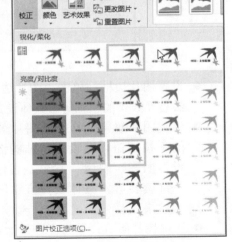

图 3-75　设置图片的亮度等

● 单击"删除背景"按钮，可删除不需要的部分图片。

● 单击"校正"下拉菜单，如图 3-75 所示，可设置图片的"锐化/柔化"，调整图片的"亮度/对比度"等。单击"图片校正选项"按钮，打开"设置图片格式"对话框，可对图片进行更详细地设置，如图 3-76 所示。

● 单击"颜色"和"艺术效果"下拉菜单可设置图片的颜色和艺术效果等。

- 单击"压缩图片"按钮，打开"压缩图片"对话框，设置"压缩选项"可以压缩文档中图片的尺寸，如图 3-77 所示。
- 单击"更改图片"按钮可重新选择图片。单击"重置图片"按钮可以放弃对图片所做的修改。

图 3-76　"设置图片格式"对话框

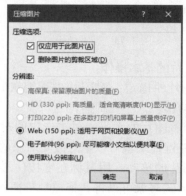

图 3-77　"压缩图片"对话框

（2）"图片样式"组

在"图片样式"组中，可以设置图片样式、图片边框、图片效果及图片版式等。

- 设置图片样式：如图 3-78 所示，单击上（下）"滚动"按钮或"其他"按钮，从列表中可选择合适的图片样式。

图 3-78　选择图片样式

- 设置图片边框：单击"图片边框"按钮右侧的下拉按钮，可设置图片边框的颜色、线型及线条的粗细等。具体设置方法同艺术字的"形状轮廓"。
- 设置图片效果：单击"图片效果"按钮右侧的下拉按钮，可设置特殊的图片效果，如预设、阴影、映像、发光、柔化边缘、棱台及三维旋转等。具体设置方法同艺术字的"形状效果"。
- 更改图片版式：单击"图片版式"按钮右侧的下拉按钮，更改图片的版式，如图 3-79 所示，如选择"图片重点块"选项。

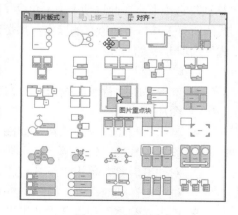

图 3-79　图片版式

（3）"排列"组

在"排列"组中，可以实现图片对象与正文多种形式的环绕，设置图片的位置和对齐方式等。

- 单击"位置"下拉菜单，设置图片的位置，如图 3-80 所示。在"文字环绕"列表中，选择不同的环绕方式。单击"其他布局选项"按钮，弹出"布局"对话框，在"位置"及"文字环绕"选项卡中，可方便地设置图片的具体位置、更丰富的环绕方式及距正文的距离等。
- 单击"对齐"下拉菜单，选择图片的对齐方式。单击"旋转"下拉菜单，设置图片的旋转角度等。

（4）"大小"组

1）在"大小"组中，可以调整图片的大小，有两种方法。

- 直接在"高度"和"宽度"微调框中进行设置，如图 3-81 所示。
- 单击右下角的"对话框启动器"按钮，打开"布局"对话框，如图 3-47 所示。在"大小"选项卡中进行相应的设置。

图 3-80　设置图片位置

图 3-81　调整图片大小

2）在"大小"组中，还可实现图片的裁剪。

- 选中需要裁剪的图片，单击"裁剪"按钮，图片周围出现八个方向的裁剪控制柄，如图 3-82 所示。
- 用鼠标拖动控制柄将对图片进行相应方向的裁剪，同时也可以拖动控制柄将图片复原，直至调整到合适为止。
- 将鼠标移出图片，单击即可确认裁剪。

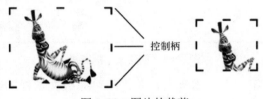

图 3-82　图片的裁剪

3.3.3 文本框

文本框是一种图形对象，通过文本框可以把文字放置在文档的任意位置，并可以随意调整文本框的大小或和其他图形产生重叠、环绕、组合等各种效果。

1．插入文本框

● 选择"插入"→"文本"→"文本框"选项，根据实际情况，在"内置"列表中选择一种特定格式的文本框。

● 选择"插入"→"文本"→"文本框"选项，选择"绘制横排文本框"命令，鼠标指针变为"+"，在合适位置拖动鼠标，绘制出文本框。

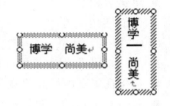

图 3-83　横排文本框与竖排文本框

● 选择"插入"→"文本"→"文本框"选项，选择"绘制竖排文本框"命令，鼠标指针变为"+"，在合适位置拖动鼠标，绘制出文本框。图 3-83 显示了横排与竖排文本框的区别。

2．文本框的编辑与设置

选中文本框，会出现上下文提示工具"绘图工具|格式"选项卡，在此选项卡中，包含了设置文本框格式的所有工具。有关文本框的编辑与设置，与"艺术字的编辑与设置"雷同，这里不再详述。

3．文本框的链接

（1）创建文本框链接

使用 Word 2016 制作手抄报、宣传册等文档时，往往会通过使用多个文本框进行版面设计。通过在多个 Word 2016 文本框之间创建链接，可以在当前文本框中充满文字后自动转入所链接的下一个文本框中继续输入文字。链接多个文本框的具体操作方法如下。

1）打开 Word 2016，在相应的位置上插入多个文本框，选中第一个文本框的边框，在"绘图工具|格式"选项卡中，选择"文本"组中的"创建链接"选项，如图 3-84 所示。

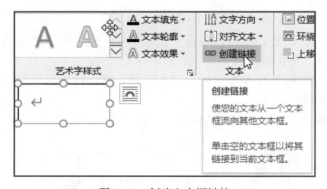

图 3-84　创建文本框链接

2）将鼠标指针移至第二个文本框上，单击即可完成文本框的链接。

3）选中第二个文本框，同样选择"文本"组中的"创建链接"选项，将鼠标指针移动到下一个文本框中单击，即可建立下一级的链接。依次建立好所有的链接。

提示：①被链接的文本框必须是空白文本框，如果被链接的文本框是非空白文本框，将无法创建链接；②链接好的文本框，如果将其中一个删除，文本会在剩余的文本框中重新填充；③横排文本框只能与横排的文本框链接，竖排与竖排的链接，不能混合链接。

（2）断开文本框链接

如果需要断开第一个文本框与第二个文本框的链接，只需选中第一个文本框，在"绘图工具|格式"选项卡中，选择"文本"组中的"断开链接"选项即可，如图 3-85 所示。

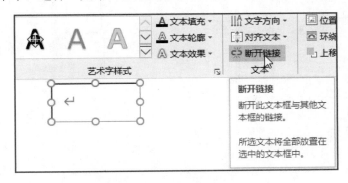

图 3-85　断开文本框链接

3.3.4　形状

在 Word 2016 中，形状有时也称自选图形，是 Word 中内置的图形库，可丰富文档的设计。

1．插入形状

1）将鼠标指针定位在要插入形状的位置。

2）选择"插入"→"插图"→"形状"选项。

3）在弹出的"形状"下拉列表中，选择需要插入的形状，此时鼠标指针变为"+"，在合适位置拖动鼠标，绘制出所需形状。例如，插入圆角矩形，如图 3-86 所示。

2．在形状内添加文字

对具有两条边以上或封闭的形状可添加文字，方法为：右击需要添加文字的形状，在弹出的快捷菜单中选择"添加文字"命令，如图 3-87 所示。

3．设置形状的格式

关于形状的更改与格式的设置，例如，形状样式、艺术字样式、文本、排列及大小等的设置方法完全与艺术字或文本框相同，在此不再赘述。

4．绘图画布

默认情况下，在 Word 2016 文档中插入自选图形时将在文本编辑区直接编辑。用户还可以设置插入自选图形时自动创建绘图画布，从而在绘图画布中编辑自选图形，操作步骤如下所述。

选择"文件"→"选项"命令，弹出"Word 选项"对话框，在"高级"选项卡中选中"插入自选图形时自动创建绘图画布"复选框即可，如图 3-88 所示。

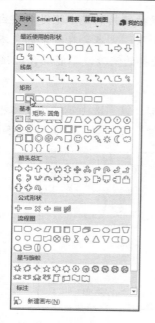

图 3-86　插入形状

图 3-87　添加文字

　　例如，选择"插入"→"插图"→"形状"→"基本形状"→"椭圆"选项，在合适位置拖动鼠标，绘制出所需形状，如图 3-89 所示，即可在绘图画布中编辑形状。

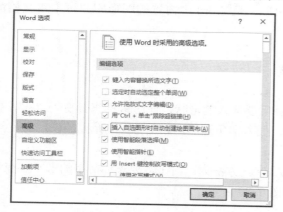

图 3-88　插入自选图形时自动创建绘图画布

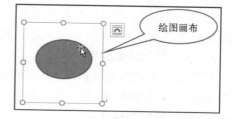

图 3-89　在绘图画布中编辑形状

3.3.5　SmartArt

　　什么是 SmartArt？可以把它翻译为"精美艺术"，SmartArt 是用来表现结构、关系或过程的图表，它以非常直观的方式呈现给读者。利用 SmartArt 的强大功能，将有助于读者创建更加专业的图表。

1. 插入 SmartArt 图形

1）将鼠标指针定位在需要插入 SmartArt 图形的位置。

2）单击"插入"→"插图"→"SmartArt"按钮，打开"选择 SmartArt 图形"对话框，如图 3-59 所示，对话框分为三个区域：左侧是 SmartArt 图形的类型，分为列表、流程、循环、层次结构、关系、矩阵、棱锥图和图片八种类型；中间区域是每种类型下具体的 SmartArt 图形样式；右侧是该 SmartArt 图形的说明，指出其功能和用途。

3）根据实际要求，在左侧选择相应的类型，中间列表中选择具体样式的 SmartArt 图形，单击"确定"按钮即可。例如，选择类型"层次结构"中的组织结构图，在文档内将插入一个组织结构图，如图 3-90 所示。

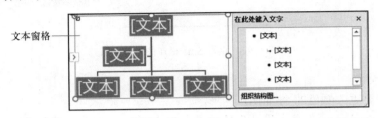

图 3-90　插入组织结构图

4）单击文本窗格中的文本框，输入文字，利用文本窗格可快速输入和组织文本。重复此操作直至完成组织结构图中所有文本的编辑，或直接在右边的文本框内编辑文本。

5）编辑完成后，单击 SmartArt 图形以外的任意位置即可。

2．设置 SmartArt 图形的布局和样式

用户可以修改 SmartArt 图形的布局和样式，达到更加满意的效果。

（1）更改布局

1）单击需要更改布局的 SmartArt 图形。

2）选择"SmartArt 工具｜设计"选项卡，选择"创建图形"→"布局"选项，在其下拉列表中可以选择几种典型格式的布局。如需更精确的设置，可以通过单击"添加形状""升级""降级""上移""下移"及"从右到左"等对图形的布局进行详细设置，如图 3-91 所示。

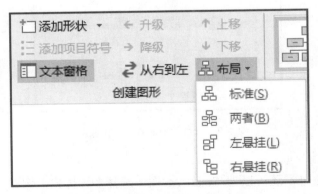

图 3-91　设置 SmartArt 图形的布局

（2）更改版式

1）单击需要更改版式的 SmartArt 图形。

2）选择"SmartArt 工具｜设计"选项卡，单击"版式"组中的上（下）滚动按钮或

"其他"按钮，如图 3-92 所示，在弹出的列表中将显示该 SmartArt 图形类型的所有版式，然后根据需要选择相应版式。

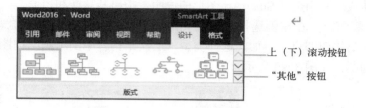

图 3-92　设置 SmartArt 图形的版式

（3）更改颜色

1）单击需要更改颜色的 SmartArt 图形。

2）选择"SmartArt 工具丨设计"选项卡，单击"SmartArt 样式"组中的"更改颜色"按钮，如图 3-93 所示，在弹出的列表框中选择需要的颜色即可。

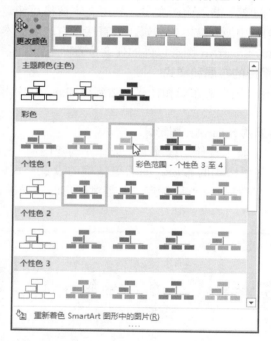

图 3-93　设置 SmartArt 图形的颜色

（4）更改样式

除了更改颜色之外，还可以为 SmartArt 图形选择多种样式，例如，"优雅""嵌入"等样式。更改样式的方法如下。

1）单击需要更改样式的 SmartArt 图形。

2）选择"SmartArt 工具丨设计"选项卡，单击"SmartArt 样式"组右侧的上（下）滚动按钮或"其他"按钮，选择合适的外观类型，如图 3-94 所示。

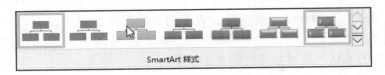

图 3-94　设置 SmartArt 图形的样式

3.3.6　首字下沉

首字下沉效果经常出现在报刊中，文章或章节开始的第一个字字号明显较大并下沉数行，能起到吸引读者眼球的作用。Word 2016 提供了首字下沉的功能，具体步骤如下。

1）将插入点置于要创建首字下沉的段落中。

2）选择"插入"→"文本"→"首字下沉"选项，在下拉列表中选择"下沉"或"悬挂"，即可实现首字下沉的不同效果，如图 3-95 所示。如果单击"首字下沉选项"按钮，可以打开"首字下沉"对话框，如图 3-96 所示，在"位置"选项组选择"下沉"或"悬挂"可设置不同效果；选择"无"可取消首字下沉。

图 3-95　"首字下沉"下拉列表

图 3-96　"首字下沉"对话框

3）在"字体"下拉菜单中，为下沉的首字选择字体。

4）在"下沉行数"文本框中，设置下沉占据的行数。

5）在"距正文"文本框中，设置首字距正文的距离。

6）设置完毕，单击"确定"按钮即可。

提示：

● 可以选中首字下沉的文字并为其设置字体、颜色等，方法同普通文字的格式设置。

● 如果用选中某几个段首文字代替将插入点置于段落中，则可使选中的几个文字同时实现下沉效果。

3.4　表格的设计与制作

在日常办公中，常使用各种各样的表格，如工作计划表、日程安排表、履历表、产品价目表和工资单等。表格是一种简明、直观的表达方式，一个简单的表格远比一大段文字更有说服力，更能表达清楚一个问题。在 Word 2016 中，不仅可以快速制作美观、大方、布局合理的表格，还可以进行简单的计算。

任务描述

利用 Word 2016，制作如图 3-97 所示的表格，熟悉 Word 2016 中表格的操作功能和技巧。

个人简历

基本信息			
姓名		性别	
民族		出生年月	
毕业院校		专业	
求职意向		联系方式	

教育经历		
学习起止时间	毕业院校	专业

工作实习经历	
工作起止时间	工作内容

获奖情况	
获奖1	
获奖2	
获奖3	

技能
1、精通 Python 编程，熟练掌握◦◦◦
2、了解 oracle 数据库的◦◦◦

自我评价
● 责任心强，有团队合作精神...
● 吃苦耐劳，有创新能力...

图 3-97 "个人简历"外观

任务分析

要制作上述精美的表格，需掌握以下知识点。

98

☑ 创建表格
☑ 编辑表格
☑ 修饰表格

用户使用 Word 2016 提供的表格功能不仅能够快速创建表格，还可以对表格进行各种编辑操作。下面详细介绍其制作步骤。

1）页面设置：纸张大小为"A4"，页边距为"窄"。

2）表格标题的设置：输入"个人简历"，设置其字体为"华文彩云"，字号为"小初"，居中对齐。

3）插入表格：将鼠标指针定位在标题"个人简历"的下一行，设置比较合适的字号，如"五号"。选择"插入"→"表格"组中的"表格"选项，从弹出的下拉列表中选择"插入表格"选项，弹出"插入表格"对话框，如图 3-98 所示。

4）设定行数和列数：在"插入表格"对话框中，选择"列数"为 1，"行数"为 21，选中"固定列宽"单选按钮，单击"确定"按钮，完成最初表格的创建工作，如图 3-99 所示。

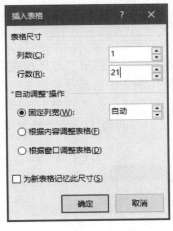

图 3-98　"插入表格"对话框

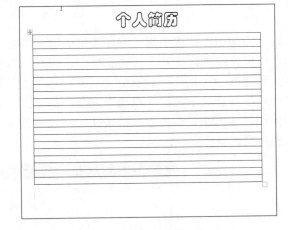

图 3-99　最初创建的表格

5）调整行高：根据实际情况，调整行高到合适位置。

6）绘制表格内竖线：将鼠标指针定位于表格内并单击，将出现上下文工具——"表格工具"选项卡，单击"表格工具|布局"→"绘图"→"绘制表格"按钮，鼠标指针变为笔状，参照样图，绘制所有的竖线。如果发生错误，可单击"表格工具|布局"→"绘图"→"橡皮擦"按钮，鼠标指针变为橡皮形状，单击需要擦除的线条即可。

7）合并单元格：选中需要合并的单元格，单击"表格工具|布局"→"合并"→"合并单元格"按钮。

8）输入文字，并设置合适的文字格式："基本情况"等文字字体为"华文行楷"，字号"小二"，加粗，居中；其他文字字体为"宋体"，字号为"四号"，并根据样图设置对齐方式。

9）调整列宽：将鼠标指针移到要调整列宽的列线上，按住鼠标左键，鼠标指针变成┤┼├

图标，同时列线上出现一条虚线，按住鼠标左键拖放到需要的位置即可。

10）添加底纹：选中需要添加底纹的单元格区域，选择"表格工具｜设计→"表格样式"→"底纹"选项，在其下拉列表框中，选择需要填充的颜色，例如，选择"橙色，个性色2，淡色80%"选项，如图3-100所示。

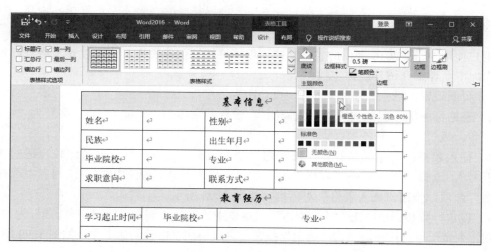

图3-100　添加底纹

11）添加边框：选中需要添加边框的单元格区域，选择"表格工具｜设计→"边框"组中的"边框"选项，在其下拉列表框中，选择"边框和底纹"选项，弹出"边框和底纹"对话框，如图3-101所示。切换到"边框"选项卡，在"设置"列表中选择"自定义"选项，在"样式"列表框中选择"双线"选项，并设置合适的颜色和宽度；在"预览"选项组，单击 按钮、 按钮、 按钮、 按钮，可以看到上、下、左、右的边线已经变成如图 3-97 所示的效果，制作完成。

图3-101　添加边框

主要知识点

3.4.1 创建表格

创建表格有很多方法，既可以直接插入现成的表格，也可以根据实际情况手动绘制。

1．插入现成的表格

插入现成的表格的方法有两种，具体如下。

1）选择"插入"→"表格"组中的"表格"选项，从弹出的下拉列表中选择"插入表格"选项，并按住鼠标左键从左上角的网格向右下角拖动到需要的行数和列数，松开鼠标左键即可在文档插入点处插入一个表格，如图 3-102 所示，将插入一个 7 列 4 行的表格。

提示：使用这种方法创建表格尽管方便快捷，但在表格行列数上有一定的限制，比较适合创建规模较小的表格。

2）选择"插入"→"表格"组中的"表格"选项，从弹出的下拉列表中选择"插入表格"命令，弹出"插入表格"对话框，输入行列值即可。

图 3-102 插入表格

2．手动绘制表格

除了自动插入表格，还可以手动绘制，具体步骤如下。

1）选择"插入"→"表格"组中的"表格"选项，从弹出的下拉列表中选择"绘制表格"命令。

2）此时，鼠标指针将变成 ✐ 形状，按下鼠标左键不放，即可当笔使用，随心所欲绘制需要的表格。例如，在刚才创建的表格中，绘制一条斜线。

3.4.2 编辑表格

最初创建的表格是没有任何内容的，表格的编辑首先包括表格内容的编辑，其次还有行和列的插入、删除、合并、拆分及高度/宽度的调整等，经过编辑的表格才更符合实际需要、更加美观。

编辑表格之前，首先要学会选定不同的区域。

1．表格的选定

在对表格进行编辑时，首先要选定表格，被选定的部分呈反显状态。

1）单元格的选定：将鼠标指针移到单元格内部的左侧，鼠标指针变成向右的黑色箭头，单击可以选定一个单元格，按住鼠标左键拖动可以选定多个单元格。

2）行的选定：将鼠标指针移到页左选定栏，鼠标指针变成向右的箭头，单击可以选定一行，按住鼠标左键继续向上或向下拖动，可以选定多行。

3）列的选定：将鼠标指针移至表格的顶端，鼠标指针变成向下的黑色箭头，在某列上单击可以选定一列，按住鼠标向左或向右拖动，可以选定多列。

4）表中矩形块的选定：按住鼠标左键从矩形块的左上角向右下角拖动，鼠标扫过的区域即被选中。

5）整表选定：当插入点移向表格内，在表格外的左上角会出现一个按钮，这个按钮就是"全选"按钮，单击它可以选定整个表格。

2．表格内容的编辑

表格内容的编辑包括文字的增、删、改、复制、移动，字体、字号及对齐方式的设置等，与前面讲过的文字编辑基本相同，此处不再赘述。

3．行、列的插入

制作完一个表格后，经常会根据需要增加一些内容，如在表格中插入整行、整列或单元格等，插入的方法如下。

1）在需要插入新行或新列的位置，选定一行（一列）或多行（多列）（将要插入的行数/列数与选定的行数/列数相同）。如果要插入单元格就要先选定单元格。

2）选择"表格工具｜布局"→"行和列"组，如图 3-103 所示，如果是插入行，可以选择"在上方插入"选项或"在下方插入"选项；如果是插入列，可以选择"在左侧插入"选项或"在右侧插入"选项；如果要插入的是单元格，则单击右下角的"对话框启动器"按钮 ，在弹出的"插入单元格"对话框中进行设定，如图 3-104 所示。

图 3-103　行和列组

提示：除用上述方法进行行、列的插入外，还可以用以下两种方法。

● 选定行或列后右击，在弹出的快捷菜单中选"插入"命令，如图 3-105 所示，在其级联菜单中，可选择相应的插入方式。

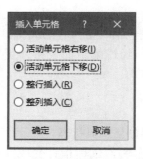

图 3-104　"插入单元格"对话框

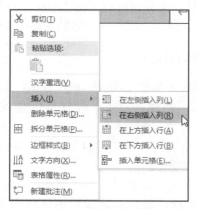

图 3-105　使用快捷菜单

● 如果要在表格末尾插入新行，可以将插入点移到表格的最后一个单元格中，然后按〈Tab〉键，即可在表格的底部添加一行。

4．行、列的删除

如果某些行（列）需要删除，选定要删除的行或列后，可以通过以下方法来实现。

选择"表格工具｜布局"→"行和列"组中的"删除"选项，如图 3-106 所示，在其下拉列表中，选择相应的操作。例如，选择"删除单元格"命令，将弹出"删除单元格"对话框，根据实际情况，选择合适的选项，单击"确定"按钮即可。

提示：除使用上述方法进行行、列的删除外，还可以用以下方法（前提是先选定要删除的行或列）：右击要删除的行或列，在弹出的快捷菜单中选择"删除行"或"删除单元格"命令。

图 3-106　删除行和列

5．表格高度、宽度的调整

通常情况下，系统会根据表格字体的大小自动调整表格的行高或列宽。当然，用户也可以手动调整表格的行高或列宽。

（1）用鼠标调整行高或列宽

鼠标指针移到要调整行高的行线上，按住鼠标左键，鼠标指针变成 ÷ 时，同时行线上出现一条虚线，按住鼠标左键拖动到需要的位置即可。列宽的调整与行高的调整相似，鼠标指针移到要调整列宽的列线上，按住鼠标左键，鼠标指针变成 ┿ ，同时列线上出现一条虚线，按住鼠标左键拖动到需要的位置即可。

（2）利用命令按钮调整

如果要精确地设定表格的行高或列宽，在选定了要调整的行或列后，可以使用下列方法进行调整。

1）右击并在弹出的快捷菜单中选择"表格属性"命令，打开"表格属性"对话框，如图 3-107 所示，在"表格属性"对话框相应的选项卡中可精确设定行高和列宽。

2）选择"表格工具｜布局"→"单元格大小"组，如图 3-108 所示，根据实际情况，输入精确的行高、列宽；或选择平均分布；或单击右下角的"对话框启动器"按钮 ⌐，在弹出的"表格属性"对话框中进行设置。

图 3-107　"表格属性"对话框

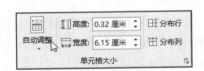

图 3-108　"单元格大小"组

6．表格的合并与拆分

在进行表格编辑时，有时需要把多个单元格合并成一个，或者需要把一个单元格拆分成多个单元格，从而适应实际需要。

（1）表格的合并

1）合并单元格。

● 选定行或列中需要合并的两个或两个以上的连续单元格。

● 选择"表格工具｜布局"→"合并"→"合并单元格"选项，则被选定的若干个单元格便被合并成为一个单元格了。

2）合并整行（列）。

● 选定要合并的两个以上的连续行（列），选择"表格工具｜布局"→"合并"→"合并单元格"选项（或右击，在弹出的快捷菜单中选择"合并单元格"选项），则被选定的行（列）内的所有单元格便被合并成为一个单元格了。如图 3-109 所示是将表格第 1 行的第 1~3 列的 3 个单元格合并为一个单元格的效果。

（2）表格的拆分

1）拆分单元格。

● 将鼠标指针定位于要拆分的单元格内。

● 选择"表格工具｜布局"→"合并"→"拆分单元格"选项（或右击，在弹出的快捷菜单中选择"拆分单元格"选项），出现如图 3-110 所示的"拆分单元格"对话框。

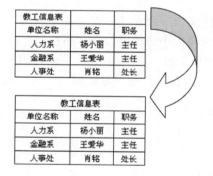

图 3-109　合并效果　　　　图 3-110　"拆分单元格"对话框

● 在"拆分单元格"对话框中输入要拆分成的行数和列数，设置完毕，单击"确定"按钮即可。

2）拆分整行。

● 选定需要拆分的行后，选择"表格工具｜布局"→"合并"→"拆分单元格"选项，出现"拆分单元格"对话框，设置同上。

● 若选中"拆分前合并单元格"复选框，表示将该区域认为只有一列，而不管该区域原来有几列。若不选中"拆分前合并单元格"复选框，表示对该区域中的每一列均按照对话框中设定的数值进行拆分。设置完毕，单击"确定"按钮即可。

7．单元格的对齐方式

单元格的对齐方式是设置单元格内数据的对齐方式，方法为：选择"表格工具｜布局"

→"对齐方式"组，如图 3-111 所示，根据实际需要，选择合适的对齐方式即可，同时，还可以改变文字方向，设置单元格边距等。

图 3-111　"对齐方式"组

3.4.3　修饰表格

修饰表格主要包括设置表格的边框和底纹，设置单元格中文字的字体、字号和对齐方式等，从而美化表格，使人赏心悦目。下面讲述修饰表格的方法。

1．套用表格样式

设置一个美观的表格往往比创建表格还要麻烦，为了加快表格的格式化速度，Word 2016 提供了"表格样式"功能，使用该功能可以快速修饰表格，方法如下。

1）单击表格中的任一单元格。

2）选择"表格工具｜设计"选项卡。

3）在"表格样式选项"组中，如图 3-112 所示，根据实际情况选择是否有标题行、汇总行等复选框，系统会根据选中的情况，提供众多表格样式，在"表格样式"组中，如图 3-113 所示，通过上（下）滚动按钮浏览不同的样式，或通过单击"其他"按钮展开样式列表进行选择。

图 3-112　"表格样式选项"组

图 3-113　"表格样式"组

2．使用"表格属性"对话框设置表格格式

选中要格式化的表格并右击，在弹出的快捷菜单中选择"表格属性"命令，或单击"表格工具｜布局"→"单元格大小"组右下角的"对话框启动器"按钮，打开"表格属性"对话框。

1）在"行"（列）选项卡中，可以设置选定行（列）的高度（宽度）。

2）在"单元格"选项卡中，可以设置选定单元格的宽度及其内部文字的垂直对齐方式。

3）在"表格"选项卡中，可以设置表格的对齐方式和表格与文字的环绕等。单击"边框和底纹"按钮，可以打开"边框和底纹"对话框进行设置。

3．绘制斜线表头

在处理表格时，斜线表头是经常用到的一种表格格式，表头是指表格第一行第一列的单元格。绘制斜线表头的方法如下。

1）选择需要插入斜线表头的单元格，选择"表格工具｜设计"→"边框"组中的"边框"选项，在其下拉列表中选择"斜下框线"或"斜上框线"命令，如图 3-114 所示。

图 3-114　"边框"下拉列表

2）如果还需要添加多斜线表头，可以选择"插入"→"插图"组中的"形状"选项，在其下拉列表中选择"线条"→"直线"命令来绘制斜线表头。

3.4.4 表格内数据的处理

1．表格中的排序

对 Word 2016 表格中的数据进行排序，具体操作如下。

1）将插入点鼠标指针置于表格中要排序的任意单元格中。

2）选择"表格工具｜布局"→"数据"组中的"排序"选项 A↓，打开"排序"对话框，如图 3-115 所示。选择不同的关键字，在"类型"下拉列表中选择排序的方法，选中"升序"或"降序"单选按钮，单击"确定"按钮即可实现排序功能。

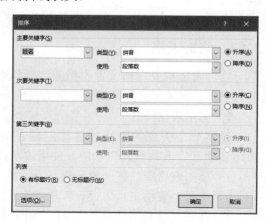

图 3-115 "排序"对话框

2．表格中的计算

在 Word 2016 中，还可以进行较复杂的运算。例如，求平均值、最大值及最小值等，方法如下。

1）将插入点鼠标指针放在要计算结果的单元格中，若欲求数学平均分，则将插入点定位在"数学"列的底端。

2）选择"表格工具｜布局"→"数据"组中的"公式"选项 ƒx 公式，打开"公式"对话框，如图 3-116 所示。在"粘贴函数"下拉列表框中选择函数"AVERAGE"用以求平均分，"公式"文本框中的内容为"=AVERAGE（b2:b5）"，括号中的"b2:b5"表示求第 2 列中第 2 个单元格到第 5 个单元格中所有数值的平均值，显示结果如图 3-117 所示。用此方法可求出其他各列的平均分。

图 3-116 "公式"对话框

姓名	数学	语文	英语	总分
周新	98	96	97	
张三	89	98	77	
李四	73	84	92	
王五	66	90	65	
赵六	98	87	45	
平均	81.5			

图 3-117 计算示例

说明：

● Word 2016 中，表格的单元格可用字母加数字来表示，字母表示列号，如 a、b、c、d...分别代表第 1 列、第 2 列、第 3 列等；数字则代表行号。例如，a5 表示第 1 列第 5 行单元格；d3 表示第 4 列第 3 行单元格。

- Word 2016 中不具有自动更新的功能，如 b2 的数据发生变化，总分和平均分不会自动更新，这时，可右击需要更新数据的单元格，在弹出的快捷菜单中选择"更新域"命令，即可获得最新的数据，如图 3-118 所示。如果想快速查看该单元格的计算公式，可在弹出的快捷菜单中选择"切换域代码"命令，效果如图 3-119 所示。

图 3-118　更新域

姓名	数学	语文	英语	总分
周新	100	96	97	{ =SUM(LEFT) }
张三	89	98	77	
李四	73	84	92	
王五	66	90	65	
赵六	98	87	45	
平均	{ =AVERAGE(b2:b5) }			

图 3-119　切换域代码

3.5　长文档的编辑

任务描述

综合利用所学知识与技巧，创建如图 3-120 和图 3-121 所示的排版样式，进一步熟悉 Word 2016 的排版功能，并能灵活运用各种排版技巧和方法。

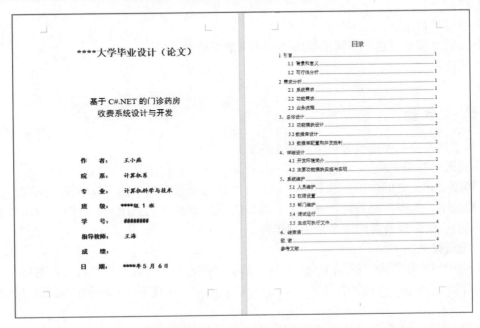

图 3-120　论文封面与目录外观

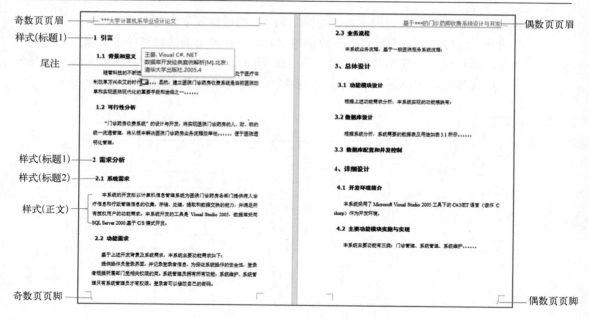

图 3-121　奇数页与偶数页外观

任 务 分 析

本任务需要用到 Word 的如下功能。

☑ 分节符
☑ 样式
☑ 引用、目录
☑ 页眉页脚和页码（不同节使用不同的页眉页脚）
☑ 尾注

操 作 步 骤

完成上述排版操作需要分以下几步来完成。

1．插入分节符

在封面与正文之间单击，选择"布局"→"页面设置"组中的"分隔符"选项，在弹出的下拉列表中，选择"分节符"→"下一页"选项，如图 3-122 所示。这时，封面与正文显示在不同的页面。注意要删除多余的回车符。

2．设置样式

1）选中需要设置为"标题 1"的文本，单击"开始"→"样式"组右下角的"对话框启动器"按钮，弹出"样式"对话框，如图 3-123 所示，在其下拉列表框中，选择"标题 1"选项。

2）选中需要设置为"标题 2"的文本，采用同样的方法，在弹出的"样式"对话框中，选择"标题 2"选项。

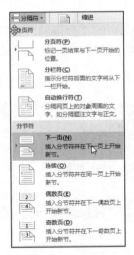

图 3-122　分隔符

图 3-123　设置样式

3）选中需要设置为"正文"的文本，采用同样的方法，在弹出的"样式"对话框中，选择"正文"选项。

4）选中已经设置为"正文"样式的文本，单击"开始"→"段落"组右下角的"对话框启动器"按钮，弹出"段落"对话框，在"特殊"下拉列表框中，选择"首行"选项，在"缩进值"微调框中输入"2 字符"，单击"确定"按钮。

3．自动生成目录

1）将鼠标指针定位在封面的末尾，选择"引用"→"目录"组中的"目录"选项，在弹出的下拉列表中选择"自动目录 2"选项，如图 3-124 所示。

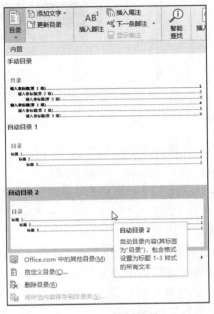

图 3-124　设置目录

2）选定目录标题，选择"开始"→"段落"组中的"居中"选项 ≡，使标题居中显示，并设置字号为"三号"。

3）在封面的末尾，选择"布局"→"页面设置"组中的"分隔符"选项 分隔符▾，在弹出的下拉列表框中选择"分节符"→"下一页"选项。这时，封面与目录已处于不同的节。删除多余的回车符。

4. 插入页眉页脚

经过前面的操作，已经把文档分为三节（第一节是封面，第二节是目录，第三节是正文），下面为不同的节设置不同的格式（如设置不同的页眉页脚）。

（1）为目录页添加页脚

1）将鼠标指针定位在目录页，选择"插入"→"页眉和页脚"→"页脚"选项，如图 3-125 所示，在下拉列表中，选择"编辑页脚"选项。

2）选择"页眉页脚工具 | 设计"→"导航"组，检查"链接到前一节"选项 链接到前一节 是否处于关闭状态，如图 3-126 所示。

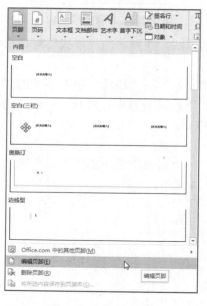

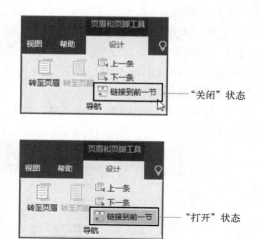

图 3-125　插入页脚　　　　　　　　　　　图 3-126　导航组

3）在编辑页脚的状态下，选择"页眉页脚工具 | 设计"→"页眉和页脚"→"页码"选项，如图 3-127 所示，在下拉列表中选择"页面底端"→"普通数字 2"选项。

4）选择"页眉页脚工具 | 设计"→"页眉和页脚"→"页码"→"设置页码格式"选项，弹出"页码格式"对话框，如图 3-128 所示。在"编号格式"下拉列表框中，选择"Ⅰ，Ⅱ，Ⅲ，…"，单击"确定"按钮。

5）设置完毕，单击"页眉页脚工具 | 设计"→"关闭"→"关闭页眉和页脚"按钮。

（2）为正文添加页眉和页脚（奇偶页不同）

1）将鼠标指针定位在正文的第一页，选择"插入"→"页眉和页脚"→"页眉"选项，在下拉列表中选择"编辑页眉"选项。

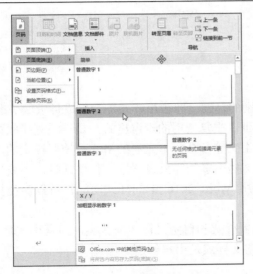

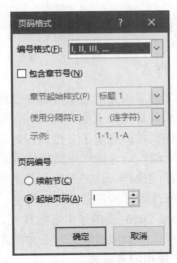

图 3-127 选择页码样式　　　　图 3-128 "页码格式"对话框

2）选择"页眉页脚工具｜设计"→"导航"组，检查"链接到前一节"选项 链接到前一节 是否处于关闭状态。

3）选择"页眉页脚工具｜设计"→"选项"组，选中"奇偶页不同"复选框。

4）将鼠标指针定位到正文奇数页的页眉位置输入页眉的内容"中华女子学院计算机系毕业设计论文"，并设置其字体为"宋体"，字号为"四号"，文本为"左对齐"；并设置页眉顶端距离 2 厘米。

5）选择"页眉页脚工具｜设计"→"导航"组中的"转至页脚"选项。将鼠标指针定位在正文奇数页的页脚位置，并检查"链接到前一节"选项 链接到前一节 是否处于关闭状态。如果页脚部分已经存在其他内容，选中删除。选择"页眉页脚工具｜设计"→"页眉和页脚"组中的"页码"选项，在其下拉列表中，选择"页面底端"→"普通数字 2"选项。

6）选择"页眉页脚工具｜设计"→"页眉和页脚"→"设置页码格式"选项，弹出"页码格式"对话框，在"编号格式"下拉列表中，选择"1，2，3，…"，单击"确定"按钮。设置页码"左对齐"，再设置页脚底端距离 1 厘米。至此，奇数页的页眉页脚设置完毕。

7）同上，将鼠标指针定位在正文偶数页的页眉位置，输入偶数页页眉的内容"基于 C#.NET 的门诊药房收费系统设计与开发"，并设置其字体为"宋体"，字号为"四号"，文本为"右对齐"。

8）选择"页眉页脚工具｜设计"→"导航"组中的"转至页脚"选项。鼠标指针将定位在正文偶数页的页脚位置；用同上的方法插入页码，并设置页码具体格式，设置页码"右对齐"。设置完毕，单击"页眉页脚工具｜设计"→"关闭"→"关闭页眉和页脚"按钮。

9）如果对页眉页脚的格式不满意，可以修改其样式。例如，页眉加下边框等。

5．添加尾注

单击需要添加尾注的位置，选择"引用"→"脚注"组中的"插入尾注"选项，如图 3-129 所示，在文档末尾光标指示了可以录入文本的具体位置，直接输入需要说明的文字即可。

图 3-129 插入尾注

主要知识点

3.5.1 样式

正文的录入完成之后，需要设置不同级别的标题，即应用样式，为生成目录做好准备。

样式就是系统或用户定义并保存的一组可以重复使用的设置格式，是一系列排版命令的集合，样式具体规定了文档的标题、段落及正文等各个文本元素的格式，使用样式的好处在于能够正确、迅速地统一文档格式。当一篇文档中多处需要设置同一种格式时，需要反复地去做同样的操作，这是件很麻烦的事情，采用 Word 2016 中的样式功能，可以简化排版操作，节省排版时间，提高排版速度。

Word 2016 提供了丰富的样式，分为内置样式和自定义样式两大类。内置样式是 Word 提供的样式，如标题样式、正文样式等，自定义样式是用户创建的样式。

1. 使用内置样式

使用内置样式，主要有以下两种方法。

（1）方法一

1）选中需要使用样式的文本。

2）选择"开始"→"样式"组，如图 3-130 所示，通过上（下）滚动按钮选择需要的样式，或单击"其他"按钮展开样式列表进行选择，例如，选择"标题 3"选项，系统会自动地实时预览被选定文本的设置效果。

图 3-130　快速样式

（2）方法二

1）选中需要使用样式的文本。

2）单击"开始"→"样式"组右侧的"对话框启动器"按钮，弹出"样式"对话框。

3）"样式"对话框中列出了系统自带的各种样式，将鼠标指针移动到某个选项上，系统会自动给出详细的说明，如图 3-131 所示。根据实际需要，选取所需要的样式即可。

2. 使用自定义样式

如果系统提供的样式不能满足要求，可以根据实际需要自定义样式，方法如下。

1）单击"样式"对话框左下角的"新建样式"按钮，弹出"根据格式化创建新样式"对话框，如图 3-132 所示。

2）在"名称"文本框中，输入新样式的名字。例如，"新样式 1"。

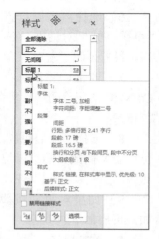

图 3-131　"样式"对话框

3）在"样式基准"下拉列表框中，根据实际情况，选择最相近的一种样式。

4）单击"格式"按钮，从弹出的下拉列表中，选择需要特别设置的选项。例如，选择"字体"，在弹出的"字体"对话框中，选择合适的字体、颜色等，如图 3-133 所示。

图 3-132　"根据格式化创建新样式"对话框

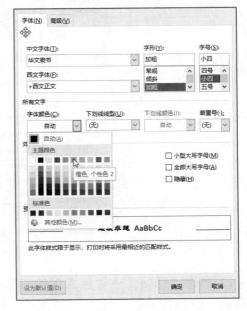

图 3-133　修改字体

5）按照同样的方法，可以设置"新样式 1"的段落、制表位和边框等。

6）设置好"新样式 1"的各种格式之后，选中"添加到样式库"复选框，单击"确定"按钮即可。

7）创建后的"新样式 1"将出现在样式库中，使用方法同内置样式。

3．修改样式

如果系统提供的样式不能满足需要，除了自定义样式之外，用户也可以通过修改样式达到要求，具体方法如下。

1）将鼠标指针移动到需要修改的样式并右击，从弹出的快捷菜单中选择"修改"命令，如图 3-134 所示。

图 3-134　"修改"命令

2）在随后弹出的"修改样式"对话框中，如图 3-135 所示，单击"格式"按钮，从弹出的下拉列表框中，选择需要修改的设置，如边框。

3）按照同样的方法，修改样式的字体、制表位和段落等。

4）设置完毕，单击"确定"按钮即可。

4．删除样式

不常使用的内置样式，可以将其从样式库中删除。方法为：将鼠标指针移动到需要删除的样式选项上并右击，从弹出的快捷菜单中选择"从样式库中删除"命令。

自定义的样式，如果不再需要，可以将其彻底删除，或从样式库中删除，方法如下。

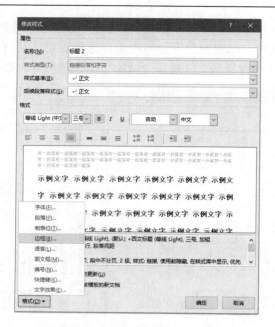

图 3-135　"修改样式"对话框

1）单击"开始"→"样式"组右侧的"对话框启动器"按钮 ，弹出"样式"对话框。

2）将鼠标指针移动到需要删除的样式选项上，例如，"新样式 1"。单击右侧的下拉按钮，在弹出的菜单中，选择"删除'新样式 1'"命令，这将彻底删除"新样式 1"，如图 3-136所示。

3）如果选择"从样式库中删除"命令将从样式库中删除该样式，如图 3-137 所示。

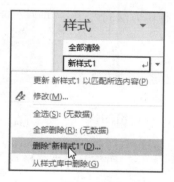

图 3-136　彻底删除新样式 1

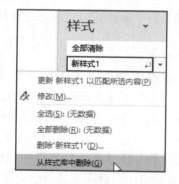

图 3-137　从样式库中删除新样式 1

3.5.2　模板

样式为长文档的排版提供了极大的帮助，如果经常需要编辑多份格式相同、风格一样的文档，使用模板将带来很大的效率。

什么是模板呢？简单地说，模板就是一个模子，即固定的文字和格式等，在这个模子当中，页面格式、样式、示范内容等都已经按照自己的风格设置好了，当加载这个模板时，想要的这些样式就会出现。总之，模板就像模具，而普通文档是根据不同的模具制造出来的产品。

任何 Word 文档都是以模板为基础的，开始使用 Word 2016 时，实际上已经启用了模板，该模板是 Word 所提供的普通模板（即 Normal 模板）。在 Word 中虽然有很多常用的模板可以使用，但不可能满足所有的需要，因此创建自己的模板十分必要。

1．创建模板

创建模板的方法如下。

1）按自己的需求排版一篇文档，为文档设置一些格式，定制一些标题样式，如对标题 1、标题 2、标题 3 样式进行格式修改，或对页码和页眉页脚的样式进行设定，确定文档的最终外观。

2）选择"文件"→"另存为"→"浏览"命令，打开如图 3-138 所示的"另存为"对话框。

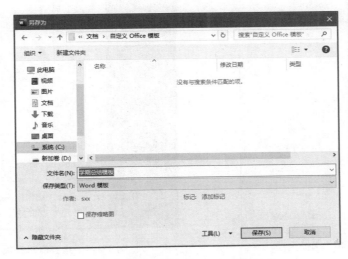

图 3-138　"另存为"对话框

3）在保存类型下拉列表框中，选择 Word 模板，此时保存路径将自动设置为模板的默认存放路径（也可以根据需要自定义存放路径）。直接在"文件名"文本框中为该模板命名，单击"保存"按钮即可。模板文件的扩展名为".dotx"。

2．选择模板

1）当选择"文件"→"新建"命令时，如果直接选择"空白文档"选项，如图 3-139 所示，则创建的新文档是基于 Normal 模板创建的，该模板是 Word 中的通用模板，所有默认新建的文档都以 Normal 模板为基准。

2）如果需要选择其他的模板，则选择"文件"→"新建"→"个人"命令，如图 3-140 所示，将看到自己创建的模板。例如，选择"学期总结模板"选项，即可基于该模板创建新文档。

3）选择"文件"→"新建"→"Office"命令，可搜索联机模板使用，如图 3-141 所示。

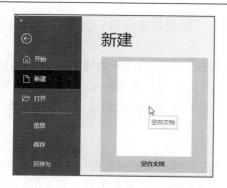

图 3-139　使用 Normal 模板

图 3-140　选择模板

图 3-141　选择联机模板

3.5.3　目录

在很多应用场合，目录是必不可少的一项，如果不使用 Word 2016 自动生成目录的功能，而是手动编制，因为字体或格式的重新调整，导致目录与正文不一致的情况常有发生。熟练使用 Word 2016 自动生成目录的功能将带来极大的方便。

自动生成目录不但快捷，且查找内容时也很方便，只是按住〈Ctrl〉键单击目录中的某一章节就会直接跳转到该页，更重要的是便于日后修改。应用自动生成的目录，可以任意修改文章内容，最后更新一下目录就会重新把正文中的标题和页码对应到目录中。

创建自动生成目录的步骤如下。

1．创建目录项

"目录项"就是在目录中显示的每一行文本，如图 3-142 所示。

目录项的创建很简单，即设定不同级别的标题，方法如下。

1）按〈Ctrl〉键选择所有要作为一级标题的文本，设置其样式，选择"标题 1"选项。

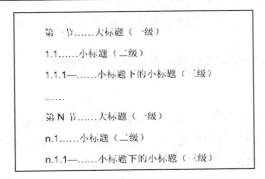

图 3-142　目录项

2）按〈Ctrl〉键选择所有要作为二级标题的文本，设置其样式，选择"标题 2"选项。

3）如果还有要作为三级、四级标题的文本，按照同样的方法设置其样式分别为"标题 3""标题 4"等。

4）切换到大纲视图，可以看到层次分明的文章结构。

提示：如果对内置的标题样式不满意，可以对样式进行修改。

2．自动生成目录

1）选择"引用"→"目录"组中的"目录"选项，如图 3-143 所示，在其下拉列表中选择"自定义目录"命令，弹出"目录"对话框，如图 3-144 所示。

2）根据需要，选择"显示页码"和"页码右对齐"等复选框。

3）选择合适的制表符前导符。

4）最重要的是"显示级别"选项要根据论文的级别数进行更改。

5）单击"确定"按钮即可自动生成目录。

图 3-143　插入目录

图 3-144　"目录"对话框

3．更新目录

Word 以域的形式创建目录，如果文档中的页码或标题发生了变化，就需要更新目录，使它与文档的内容保持一致。在目录上右击，从弹出的快捷菜单中选择"更新域"命令即可。

采用类似的方法还可以生成文档的图表目录等。

3.5.4　页眉和页脚

为了美观及按要求提供必要的信息，长文档一般还要求插入页眉和页脚，页眉和页脚的内容不是随文档输入的，而是专门设置的，且只有在页面视图下才能看到。因此，在创建页眉和页脚时，必须先切换到页面视图。

（1）编辑页眉页脚

1）选择"插入"→"页眉和页脚"组中的"页眉"选项，在其下拉列表中选择需要的页眉格式，如选择"空白（三栏）"（或选择"编辑页眉"）选项，如图 3-145 所示，进入页眉编辑状态，在该状态下，正文呈暗显状态。

2）在编辑区内输入内容，如文字和图片，也可以插入页码、时间和日期等，并可以对输入的内容进行格式化。

3）选择"插入"→"页眉和页脚"组中的"页脚"选项，在其下拉列表中选择需要的页脚格式，如选择"边线型"（或选择"编辑页脚"）选项。进入页脚编辑状态，在页脚中输入内容并设置格式。

4）设置好页眉页脚之后，双击文档区域，返回正文编辑状态。

5）双击页眉或页脚区域，再次进入页眉和页脚编辑状态，可以继续修改页眉和页脚。

6）如果需要删除页眉或页脚，选择"插入"→"页眉和页脚"组中的"页眉"或"页脚"选项，在其下拉列表中选择"删除页眉"或"删除页脚"命令即可，如图 3-146 所示。

图 3-145　"页眉"格式

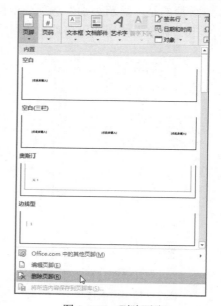

图 3-146　删除页脚

（2）设置页码

1）将鼠标指针定位到需要插入页码的位置。

2）选择"插入"→"页眉和页脚"组中的"页码"选项，根据实际情况，在其下拉列表中选择页码的具体位置和风格。

如果页码不符合需要，可以进行格式设置，方法如下。

① 选择"插入"→"页眉和页脚"→"页码"选项，在其下拉列表中选择"设置页码格式"命令，打开"页码格式"对话框。

② 在"编号格式"下拉列表框中选择合适的格式。另外，在"页码编号"选项组，还可以选择"续前节"或"起始页码"单选按钮，如果选择"续前节"选项，则编号会顺延前一节的编号继续编排；如果选择"起始页码"选项，表示本节的页码重新开始编排，并可以在其微调框中设置从第几页开始。

3.5.5　分隔符

分隔符分为两大类：分页符和分节符。分页符与分节符最大的区别在于，分页符只是简单分页，不影响前后内容的格式设置，而分节符是对内容进行分节，不同的节可以单独设置不同的页眉页脚等版面格式。

1．分页符

如果文档页数较多，为了便于阅读和查找，需要给文档分页并设置页码，方法如下。

（1）分页符

1）将鼠标指针插入点定位到要分页的位置。

2）选择"布局"→"页面设置"组中的"分隔符"选项|⊢ 分隔符 ▾|，在其下拉列表框中，选择"分页符"→"分页符（P）"命令，就可以在当前插入点的位置开始新的一页。

3）选择"插入"→"页面"组中的"分页"选项，即在当前插入点的位置开始新的一页。

（2）分栏符

在文档已经设置分栏的状态下，插入"分栏符"可强行将分栏符之后的内容移至另一栏。如果文档未分栏，则其效果等同于分页符。

（3）自动换行符

在文档中插入自动换行符，会从插入位置强制换行，并显示换行标记↓（即软回车）。

2．分节符

节是文档格式化的基本单位，如果需要对文档的不同部分做不同的页面设置，例如，毕业论文封面没有页眉页脚、目录只有页脚、正文又拥有与目录不同的页眉和页脚等。这都需要使用"节"来实现，方法是：将这些内容划分为不同的节，再进行各自的格式设置。

在 Word 2016 的文档中，可以设置多个节，根据需要为不同的节设置不同的格式。分节的操作方法如下。

1）将插入点定位到需要分节的位置。

2）选择"布局"→"页面设置"组中的"分隔符"选项，在其下拉列表框中，选择一种分节符的类型，从而选择不同的分节方式。

分节方式说明如下。

- 下一页：在插入分节符处进行分页，并在下一页开始新节。
- 连续：鼠标指针当前位置以后的内容为新的一节，并按新的格式设置安排，但其内容不转到下一页，而是从当前插入点所在位置换行后开始。对文档混合分栏时，会使用到此分节符。
- 偶数页：鼠标指针当前位置以后的内容将会转换到下一个偶数页上，即新的一节从下一个偶数页开始。
- 奇数页：鼠标指针当前位置以后的内容将会转换到下一个奇数页上，即新的一节从下一个奇数页开始。

提示：在页面视图下，默认情况下无法看到分节符和分页符。可以选择"开始"→"段落"组中的"显示/隐藏编辑标记"选项 ⸎ 来显示分节符或分页符。

3.5.6 引用

1. 脚注和尾注

脚注和尾注都是文档的一部分，用于文档正文的补充说明，帮助读者理解全文的内容。但是，脚注和尾注有一定区别。脚注一般位于页面的底部，用于对文档中较难理解的内容进行说明，而尾注通常位于文档的末尾，列出引文的出处等。无论是脚注还是尾注，都由两部分组成，一部分是注释引用标记，另一部分是注释文本。对于引用标记，可以自动进行编号或创建自定义的标记。当启动了引用标记自动编号功能之后，在插入、删除和移动脚注或尾注之后，将自动对注释引用标记进行重新编号。

（1）添加脚注和尾注

1）把鼠标指针定位于需要插入脚注的位置。

2）选择"引用"→"脚注"→"插入脚注"选项。

3）Word 2016 会自动在页面下方添加脚注区，脚注区与正文区以短横线隔开，在脚注区插入引用标记，并自动把鼠标指针定位到脚注区，用户在这里即可输入脚注注释文本。

4）脚注输入完毕，把鼠标指针插入点置于下一个需要插入脚注的位置，重复上述过程，可以继续插入下一个脚注。

5）添加尾注的方法与添加脚注类似，只是在添加尾注的时候，需要选择"引用"→"脚注"→"插入尾注"选项。

（2）查阅脚注或尾注的注释文本

查阅脚注或尾注的注释文本的方法如下。

- 双击文档中的脚注引用标记，即可转到脚注区该脚注的注释文本中。
- 把鼠标指针移动到脚注引用标记中停留片刻，系统会显示脚注的内容。

（3）移动、复制和删除脚注或尾注

对于已经添加的脚注或尾注，如果要进行移动、复制和删除等操作，需要直接对文档中的脚注或尾注引用标记进行操作，而无需对注释文本进行操作，其操作步骤如下。

在文档中选取要操作的脚注或尾注引用标记，要移动脚注或尾注，只需要将其拖至新位置即可；要复制脚注或尾注，可以按下〈Ctrl〉键，然后将该标记拖至新位置，也可以使用"复制"和"粘贴"的方法。要删除脚注或尾注，只需要删除脚注或尾注引用标记，注释文本会同时被删除。

（4）改变脚注与尾注的位置及编号格式

默认情况下，脚注在当前页面底端，尾注在文档末尾。可以根据实际需要调整其位置，方法如下。

1）单击"引用"→"脚注"组的"对话框启动"按钮，打开"脚注与尾注"对话框。

2）在"位置"选项组中，可以通过下拉列表框设置脚注或尾注的位置，如图 3-147 所示。

3）在"格式"选项组中，可以设置编号格式、自定义标记、起始编号、编号连续还是每节重新编号等，如图 3-148 所示。

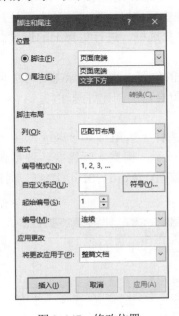

图 3-147　修改位置

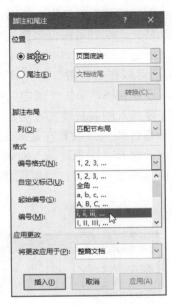

图 3-148　修改编号格式

2. 题注

在编写长文档或书籍的过程中，经常需要插入图形、表格和公式等内容，为了便于查找、引用及建立图表目录，需要使用 Word 2016 的题注功能。

题注就是给图片、表格、图表或公式等项目添加的名称和编号。使用题注功能可以保证长文档中图片、表格或图表等项目能够顺序地自动编号，如果移动、插入或删除带题注的某个项目时，Word 2016 可以自动更新题注的编号。插入题注的方法如下。

1）选择"引用"→"题注"→"插入题注"选项，打开"题注"对话框，如图 3-149 所示。

2）在"题注"文本框中显示的是插入后题注的内容。"标签"下拉列表中用于选择题注的类型，如果插入的是图片，可以选择"图表"，如果插入的是表格，可以选择"表格"。如果自带的几种标签不能满足要求，单击"新建标签"按钮，打开"新建标签"对话框，如图 3-150 所示，在"标签"文本框中输入新标签的名字，单击"确定"按钮，新建标签即显示在"标签"下拉列表中。

图 3-149 "题注"对话框　　　　　图 3-150 "新建标签"对话框

3）设置好标签后，还可以设置编号的格式，在"题注"对话框中，单击"编号"按钮，打开"题注编号"对话框，如图 3-151 所示，根据实际情况，在"格式"下拉列表框中选择需要的格式，同时可根据需要选中"包含章节号"复选框，进行更详细的设置。设置完毕，单击"确定"按钮。

4）随后可以在"位置"下拉列表框选择题注出现的位置，根据实际需要可选项目的上方或下方，设置完毕，单击"确定"按钮，Word 2016 就会自动创建好题注。

如果需要插入图表目录，方法如下。

将鼠标指针插入点放置在需要创建图表的位置，选择"引用"→"题注"→"插入表目录"选项，打开"图表目录"对话框，如图 3-152 所示，根据实际需要，选择合适的题注标签、格式和前导符等，设置完毕，单击"确定"按钮，Word 2016 就会自动插入图表目录了。

图 3-151 "题注编号"对话框　　　　图 3-152 "图表目录"对话框

3.5.7 字数统计

在实际应用中，经常需要对整篇文档的字数或选定的内容进行字数统计，利用 Word 2016 提供的实时字数统计功能，能够方便快捷地达到要求，方法如下。

1）打开一篇 Word 文档，此时 Word 2016 会立刻在 Word 窗口左下角显示整篇文档的字数及页数页码等内容。在用户选择文档中的某段文字后，在 Word 窗口左下角还会显示所选内容的字数，如图 3-153 所示。单击字数显示部分，即可打开"字数统计"对话框，查看更加详细的统计信息，如图 3-154 所示。在"字数统计"对话框中，显示了当前文档的页数、字数、段落数、行，以及文档包含的非中文单词、不计空格的字符数和计空格的字符数等。
单击"关闭"按钮，退出该对话框。

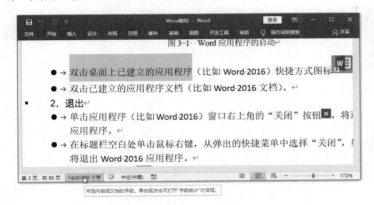

图 3-153　显示文档字数　　　　　　　图 3-154　"字数统计"对话框

2）选择"审阅"→"校对"→"字数统计"选项，也可打开"字数统计"对话框。

提示：选择"文件"→"信息"选项，如图 3-155 所示，也可以查看相关的统计信息，
如页数、字数及编辑时间等。

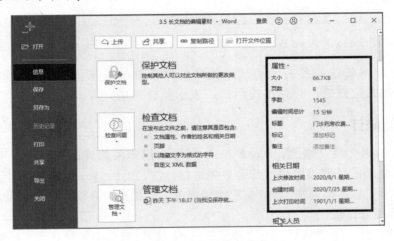

图 3-155　文档的统计信息

3.5.8　拼写和语法检查

在输入文本时，很难保证输入文本的拼写、语法都完全正确，因此，输入后不得不花很
大的精力核对文本，查找并改正错误。Word 2016 为用户提供了一个强大的拼写和语法检查
功能，可以在输入文本的同时检查错误，实时校对，为提高输入的正确性提供帮助。

英文单词的拼写错误、标点符号的错误用法都能准确被捕获。对于有疑问的地方会标示
出彩色的波浪线提醒用户注意，针对这些疑问用户可以忽略或进行修改处理。

具体操作方法如下。

1）选择"文件"→"选项"选项，打开"Word 选项"对话框，如图 3-156 所示，在左

侧选择"校对"选项，右侧将出现"自动更正选项""在 Microsoft Office 程序中更正拼写时""在 Word 中更正拼写和语法时"及"例外项"等选项组，可根据实际情况进行合理的设置。

2）将鼠标指针定位到文档开始位置，选择"审阅"→"校对"→"拼写和语法"选项，系统将从鼠标指针当前位置开始检查，并在"拼写检查"对话框（或"语法"对话框）中报告发现的第一个疑问，如图 3-157 所示。用户可以根据实际需要选择"忽略""全部忽略"或"更改""全部更改"等。

图 3-156 "Word 选项"对话框

图 3-157 "拼写检查"对话框

3）Word 将继续进行检查，再次遇到疑问时会继续提示，根据实际情况"忽略"或"更改"。完成检查后，会弹出提示框，表示检查完成。

3.5.9 审阅与修订

为了便于沟通交流及修改，Word 2016 可以启用审阅修订模式，启用审阅修订模式后，用户对该文档的任何编辑修改都会事先进行标注，然后进一步确认后才能生效。这样做可以帮助用户更直观地观察 Word 文档编辑修改后的结果，并防止用户误操作。

1. 启用审阅修订模式

1）选择"审阅"→"修订"→"修订"选项 即可启用审阅修订模式。如果"修订"按钮处于选中状态，则表示审阅修订模式已经启动，那么接下来对文档的所有修改都会有标记。

2）设置修订显示状态及格式：指对哪些修改需要标记、如何标记及修订以什么形式显示等。设置方法是：选择"审阅"→"修订"组中的"简单""显示标记"及"审阅窗格"下拉列表框进行详细设置。或单击"审阅"→"修订"组的"对话框启动"按钮，打开"修订选项"对话框进行设置，如图 3-158 所示。如果需要更详细的设置，则需单击"高级选项"按钮，打开"高级修订选项"对话框进行具体设置，如图 3-159 所示。例如，插入的文本需要用红色下划线标识，删除的文本则要用蓝色删除线标识等。

3）对文档进行修订后，可以根据个人需要，逐条接受或拒绝修订，也可以全部接受或全部拒绝。在"审阅"→"更改"组进行详细设置即可。

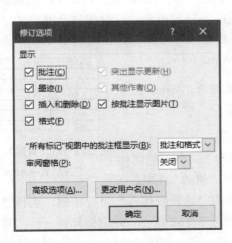

图 3-158　选择"修订选项"

图 3-159　"高级修订选项"对话框

2．取消审阅修订模式

在审阅修订模式时，选择"审阅"→"修订"组中的"修订"选项可使其变为非启用状态。

3.6　邮件合并

日常工作中，发送信函、电子邮件或请柬时，特别是处理一信多发的工作时，重复性工作会占用相当长的处理时间。使用 Word 2016 中的"邮件合并"功能，可以简化许多复杂的重复性操作，帮助用户快速完成工作，从而提高办公效率。

Word 2016 为邮件合并提供了信函、电子邮件、信封、标签、目录和普通 Word 文档共 6 种文档类型，用户可根据实际需要自行选择。下面以"信函"为例，应用邮件合并的功能。

1．制作主文档与数据源

1）制作文档"邀请函.docx"，如图 3-160 所示，它是邮件合并时的"主文档"。在制作主文档时，要根据需要进行页面设置、文本格式、段落、页面边框的设置等。

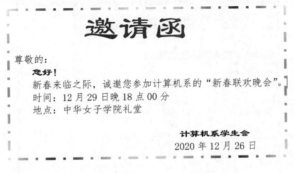

图 3-160　主文档——"邀请函.docx"

2）制作数据源。在邮件合并中，可以使用多种文件类型的数据源，如 Word 文档、

Excel 文件、文本文件、Access 数据库及 Outlook 联系人等。Excel 文件是最常用的数据源。本文以 Excel 为例，制作"客户名单.xlsx"，如图 3-161 所示，它是邮件合并时的"数据源"，是主文档中可变部分数据的集合。例如，数据源中可以包含信函的各个收件人的单位、姓名、职务等信息，亦可以将数据源制作成 Word 表格。

提示：如果在邮件合并中使用 Word 表格为数据源，Word 表格必须位于文档顶部，即表格上方不能含有任何内容。

单位名称	姓名	职务
人力系	杨小丽	主任
金融系	王爱华	主任
人事处	肖铭	处长
外语系	张为民	副主任
教务处	杨扬	处长
科研处	赵阳	处长

图 3-161　数据源——
"客户名单.xlsx"

2．建立主文档与数据源之间的联系

1）打开主文档——"邀请函.docx"，选择"邮件"→"开始邮件合并"组，单击"开始邮件合并"的下拉按钮，选择"信函"选项。

2）选择"邮件"→"开始邮件合并"组，单击"选择收件人"下拉按钮，选择"使用现有列表"选项。打开"选取数据源"对话框，如图 3-162 所示，选取数据源——"客户名单.xlsx"，单击"打开"按钮，弹出"选择表格"对话框，如图 3-163 所示，根据实际情况选择正确的工作表。

图 3-162　"选取数据源"对话框

图 3-163　"选择表格"对话框

3）选择"邮件"→"开始邮件合并"→"编辑收件人列表"选项，打开"邮件合并收件人"对话框，如图 3-164 所示，可以对收件人进行选择。

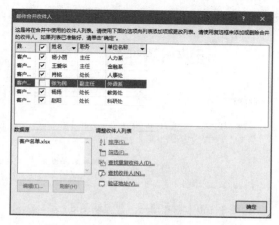

图 3-164　"邮件合并收件人"对话框

4）在主文档中，单击需要插入可变内容的位置，如在"尊敬的"后单击建立插入点，选择"邮件"→"编写和插入域"组，单击"插入合并域"按钮上半部分🖳，打开"插入合并域"对话框，如图 3-165 所示，在"域"列表中分别选择"姓名""职务"等，并单击"插入"按钮，即可将"姓名"和"职务"逐步插入在"邀请函"主文档中，设置完毕，单击"关闭"按钮。插入"域"之后，效果如图 3-166 所示。

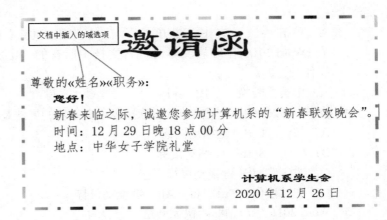

图 3-165　"插入合并域"对话框　　　　　　图 3-166　插入了域的主文档

3．查看合并效果

选择"邮件"→"预览结果"→"预览结果"选项，将看到合并数据后文档的效果，即在插入域处的内容发生了变化，由《姓名》和《职务》变为"杨小丽"和"主任"，单击"下一记录"按钮，可看到下一个记录的真实姓名和职务，如图 3-167 所示。

4．实现邮件合并

选择"邮件"→"完成"组，单击"完成并合并"下拉按钮，选择"编辑单个文档"选项，打开"合并到新文档"对话框，单击"全部"单选按钮，如图 3-168 所示，单击"确定"按钮后就生成了新的文档。新文档中显示了所有邀请函。

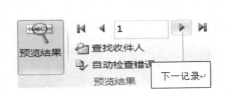

图 3-167　"预览结果"组　　　　　　　　图 3-168　"合并到新文档"对话框

提示：亦可以采用邮件合并分步向导来实现邮件合并的功能。

将生成合并后的新文档保存，并打印输出。

3.7 习题

一、选择题

1．Word 2016 文件的扩展名为（　　）。

    A．txt   B．doc   C．xls   D．docx

2．在 Word 2016 中选择正在编辑的文档的某一段，可先将鼠标指针移到该段左侧的选定栏上（　　）。

    A．单击   B．双击   C．双击鼠标右键   D．三击

3．在 Word 2016 中编辑文本时，将文档中所有的"电脑"都改成"计算机"，可用（　　）操作最方便。

    A．中英文转换   B．替换   C．改写   D．翻译

4．在 Word 2016 中，用拖动鼠标选择矩形文字块的方法是（　　）。

    A．按住〈Ctrl〉键拖动鼠标

    B．按住〈Shift〉键拖动鼠标

    C．按住〈Alt〉键拖动鼠标

    D．同时按住〈Ctrl〉和〈Alt〉键拖动鼠标

5．Word 2016 中，粘贴的快捷键是（　　）。

    A．〈Ctrl+V〉   B．〈Ctrl +P〉   C．〈Ctrl+W〉   D．〈Ctrl+Alt〉

6．段落缩进有左（右）缩进、（　　）和悬挂缩进。

    A．单行缩进   B．双行缩进   C．首行缩进   D．末尾缩进

7．Word 2016 中，"保存"操作的快捷键是（　　）。

    A．〈Ctrl+A〉   B．〈Ctrl +S〉   C．〈Ctrl+C〉   D．〈Ctrl+V〉

8．Word 2016 中，文档的视图类型有页面视图、阅读视图、Web 版式视图、草稿和（　　）。

    A．大纲   B．缩放视图   C．缩略图   D．文档视图

9．Word 2016 中默认的图片与文字的环绕方式是（　　）。

    A．四周型   B．紧密型   C．嵌入型   D．衬于文字下方

10．假设 Word 2016 中正在编辑已输入了两段落的文档，现将插入点移到第一段最后一行上，按〈End〉键、〈Delete〉键后，则（　　）。

    A．将第一段和第二段合并为一段

    B．删除第一段最后一个字

    C．删除整个文档最后一个字

    D．删除第一段第一个字

11．在 Word 2016 中，有关"样式"命令，以下说法中正确的是（　　）。

    A．"样式"只适用于文字，不适用于段落

    B．"样式"组在"插入"选项卡中

    C．"样式"不仅有字符样式，而且有段落样式

    D．"样式"命令只适用于纯英文文档

12. Word 2016 不包括（　　）功能。

  A．编辑   B．排版   C．打印   D．编译

13. 在 Word 文档中，将插入点从当前位置移到下一个制表位的方法是（　　）。

  A．用鼠标拖动文档中的制表位标记

  B．按〈Tab〉键

  C．按〈Space〉键

  D．按〈Alt〉键

14. 在 Word 2016 中，下列有关文本框的叙述，（　　）是错误的。

  A．文本框是存放文本的容器，且能与文字进行叠放，形成多层效果

  B．文本框是一种图形对象，通过文本框可以把文字放置在文章的任意位置

  C．当用户在文本框中输入较多的文字时，文本框会自动调整大小

  D．文本框不仅可以输入文字，还可以插入图片

15. 在 Word 2016 中，当选中了文本后，使用（　　）命令可以使剪贴板内容与选中的内容一致。

  A．粘贴   B．翻译   C．复制   D．删除

16. 打开一个 Word 2016 文档通常是指（　　）。

  A．为指定文件开设一个空的文档窗口

  B．把文档的内容从内存中读入，并显示出来

  C．把文档的内容从磁盘调入到内存中，并显示出来

  D．显示并打印出指定文档的内容

17. 下列有关 Word 2016 格式刷的叙述中，（　　）是正确的。

  A．格式刷只能复制纯文本的内容

  B．格式刷只能复制字体格式

  C．格式刷只能复制段落格式

  D．格式刷既可以复制字体格式也可以复制段落格式

18. Word 2016 中，有"所见即所得"显示效果的视图方式是（　　）

  A．阅读视图   B．草稿

  C．页面视图   D．Web 版式视图

19. 要审阅或查看一个长文档的整体结构，应该使用哪种视图方式比较方便（　　）。

  A．草稿   B．页面视图   C．阅读视图   D．大纲视图

20. 关闭正在编辑的 Word 2016 文档时，文档从屏幕上予以清除，同时也从（　　）中清除。

  A．内存   B．外存   C．磁盘   D．CD-ROM

二、上机练习题

1. 创建简单文档 1。

（1）创建新文档并保存。

文件名为"简单文档 1.docx"，如图 3-169 所示。

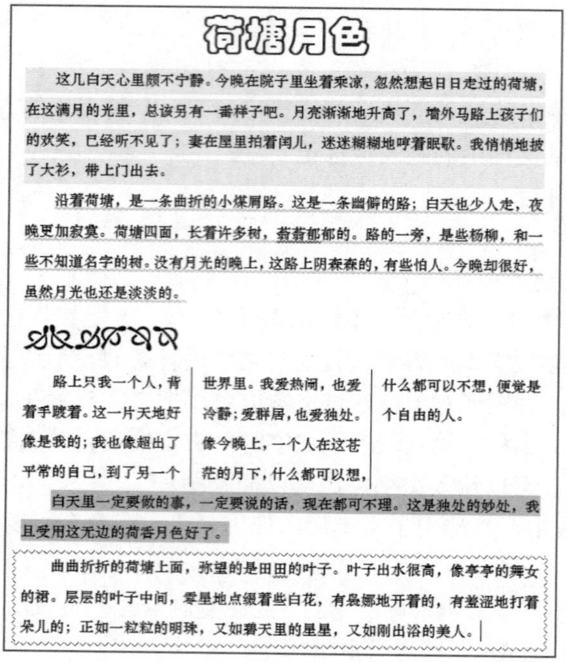
荷塘月色

这几白天心里颇不宁静。今晚在院子里坐着乘凉，忽然想起日日走过的荷塘，在这满月的光里，总该另有一番样子吧。月亮渐渐地升高了，墙外马路上孩子们的欢笑，已经听不见了；妻在屋里拍着闰儿，迷迷糊糊地哼着眠歌。我悄悄地披了大衫，带上门出去。

沿着荷塘，是一条曲折的小煤屑路。这是一条幽僻的路；白天也少人走，夜晚更加寂寞。荷塘四面，长着许多树，蓊蓊郁郁的。路的一旁，是些杨柳，和一些不知道名字的树。没有月光的晚上，这路上阴森森的，有些怕人。今晚却很好，虽然月光也还是淡淡的。

路上只我一个人，背着手踱着。这一片天地好像是我的；我也像超出了平常的自己，到了另一个世界里。我爱热闹，也爱冷静；爱群居，也爱独处。像今晚上，一个人在这苍茫的月下，什么都可以想，什么都可以不想，便觉是个自由的人。

白天里一定要做的事，一定要说的话，现在都可不理。这是独处的妙处，我且受用这无边的荷香月色好了。

曲曲折折的荷塘上面，弥望的是田田的叶子。叶子出水很高，像亭亭的舞女的裙。层层的叶子中间，零星地点缀着些白花，有袅娜地开着的，有羞涩地打着朵儿的；正如一粒粒的明珠，又如碧天里的星星，又如刚出浴的美人。

图 3-169 “简单文档 1”效果图

（2）页面设置。

纸张方向为“纵向”，纸张大小为“A4”，页边距：“上、下、左、右”均为“1.27 厘米”。

（3）字体的设置。

- 第 1 段：字体为“华文彩云”，字形为“加粗”，字号为“初号”，字体颜色为“标准色–深红”。
- 第 2、3、5、6、7 段：字体为“华文中宋”，字号为“小三号”。
- 第 3 段：添加下划线且为“双波浪线”，下划线颜色为“标准色–橙色”。
- 第 4 段：字号为“一号”。

（4）段落的设置。

- 第 1 段：对齐方式为“居中”。
- 第 2、3、5、6、7 段：首行缩进 2 字符。
- 第 4 段：“段前”“段后”均设置为“1 行”。

（5）分栏。

- 第 5 段：分栏，等宽三栏，加分隔线。

（6）边框和底纹。

- 第 2 段：为段落添加底纹，颜色为“其他颜色–自定义–RGB：200，250，200”。
- 第 6 段：为文字添加底纹，颜色为“标准色–浅绿”。
- 第 7 段：为段落添加边框，“单波浪线”，边框颜色为“标准色–紫色”，宽度为“1.5 磅”。

2．创建简单文档 2。

（1）创建新文档并保存。

文件名为“简单文档 2.docx”，如图 3-170 所示。

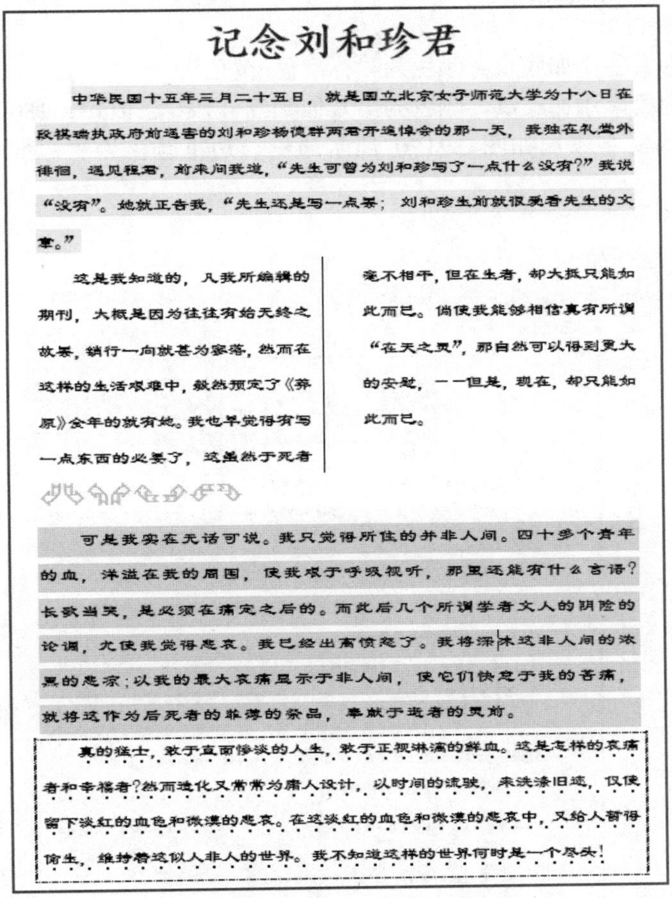

记念刘和珍君

中华民国十五年三月二十五日，就是国立北京女子师范大学为十八日在段祺瑞执政府前遇害的刘和珍杨德群两君开追悼会的那一天，我独在礼堂外徘徊，遇见程君，前来问我道，“先生可曾为刘和珍写了一点什么没有？”我说“没有”。她就正告我，“先生还是写一点罢；刘和珍生前就很爱看先生的文章。”

这是我知道的，凡我所编辑的期刊，大概是因为往往有始无终之故罢，销行一向就甚为寥落，然而在这样的生活艰难中，毅然预定了《莽原》全年的就有她。我也早觉得有写一点东西的必要了，这虽然于死者毫不相干，但在生者，却大抵只能如此而已。倘使我能够相信真有所谓“在天之灵”，那自然可以得到更大的安慰，——但是，现在，却只能如此而已。

可是我实在无话可说。我只觉得所住的并非人间。四十多个青年的血，洋溢在我的周围，使我艰于呼吸视听，那里还能有什么言语？长歌当哭，是必须在痛定之后的。而此后几个所谓学者文人的阴险的论调，尤使我觉得悲哀。我已经出离愤怒了。我将深味这非人间的浓黑的悲凉；以我的最大哀痛显示于非人间，使它们快意于我的苦痛，就将这作为后死者的菲薄的祭品，奉献于逝者的灵前。

真的猛士，敢于直面惨淡的人生，敢于正视淋漓的鲜血。这是怎样的哀痛者和幸福者？然而造化又常常为庸人设计，以时间的流驶，来洗涤旧迹，仅使留下淡红的血色和微漠的悲哀。在这淡红的血色和微漠的悲哀中，又给人暂得偷生，维持着这似人非人的世界。我不知道这样的世界何时是一个尽头！

图 3-170　“简单文档 2”效果图

（2）页面设置。

纸张方向为“纵向”，纸张大小为“A4”，页边距：“上、下、左、右”均为“1.27 厘米”。

（3）字体的设置。

- 第 1 段：字体为“楷体”，字形为“加粗”，字号为“小初”，字体颜色为“标准色-红色”。
- 第 2、3、5、6 段：字体为“隶书”，字号为“小三”。
- 第 4 段：字形为“加粗”，字号为“二号”，字体颜色为“标准色-橙色”。
- 第 6 段：加“着重号”。
- 第 5 段：字符间距，加宽 1 磅。

（4）段落的设置。

- 第 1 段：对齐方式为“居中”。
- 第 2、3、5、6 段：首行缩进 2 字符；多倍行距为“1.3 倍”。
- 第 1、4 段：“段前”“段后”均设置为“0.5 行”。

（5）分栏。

第 3 段：分栏，等宽两栏，加分隔线。

（6）边框和底纹。

- 第 2 段：为文字添加底纹，颜色为"标准色-黄色"。
- 第 5 段：为段落添加底纹，颜色为"其他颜色-自定义-RGB：180，230，180"。
- 第 6 段：为文字添加如图 3-170 所示边框，边框颜色为"标准色-深红"，宽度为"3 磅"。

3．图文混排 1。

（1）创建新文档并保存。

文件名为"图文混排 1.docx"，如图 3-171 所示。

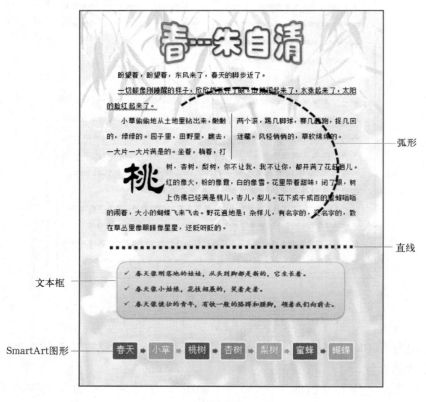

图 3-171 "图文混排 1"效果图

（2）页面设置。

纸张方向为"纵向"，纸张大小为"A4"，页边距为"中等"。

（3）字体的设置。

- 第 1～4 段：字体为"宋体"，字号为"四号"。
- 第 2 段：加较粗的波浪形下划线，颜色为"标准色-绿色"。
- 第 5～7 段：字体为"楷体"，字号为"四号"，字形为"加粗"，字体颜色为"标准色-红色"。

（4）段落的设置。

- 第 1～4 段：对齐方式为"两端对齐"，首行缩进 2 字符；多倍行距为"1.3 倍"。

● 第 5～7 段：对齐方式为"两端对齐"，单倍行距。

（5）分栏。

等宽两栏，加分隔线。

（6）首字下沉。

字体为"华文隶书"；下沉：3 行。

（7）文本框。

文本框采用"圆角矩形"；样式为"细微效果-橙色，强调颜色 6"。

（8）插入如图 3-171 所示项目符号。

（9）形状。

● 直线：形状轮廓为"圆点"，粗细为"6 磅"，颜色为"标准色-深红"。

● 基本形状—弧形：形状轮廓为"方点"，粗细为"4.5 磅"，颜色为"标准色-深蓝"，
 环绕方式为"浮于文字上方"；旋转适当的角度，并调整其大小和位置。

（10）艺术字。

艺术字"春---朱自清"。

● 样式为"样式 1"。

● 字体为"华文彩云"，字号为"60"。

● 环绕方式为"上下型环绕"。

● 文本效果为"朝鲜鼓"。

● 文本填充为渐变填充，预设渐变为"中等渐变-个性色 2"，类型为"路径"。

● 文本轮廓为"标准色-紫色"。

● 对齐方式为"水平居中"。

（11）插入 SmartArt 图形。

流程为"基础流程"，字体为"华文楷体"，更改颜色：主题颜色为"彩色-个性色"。

（12）插入图片。

● 环绕方式为"衬于文字下方"。

● 设置冲蚀效果。

● 置于底层，作为该文档的背景图形。

4．图文混排 2。

（1）创建新文档并保存。

文件名为"图文混排 2.docx"，如图 3-172 所示。

（2）页面设置。

纸张方向为"纵向"，纸张大小为"A4"，页边距为"中等"。

（3）字体的设置。

● 第 1～2 段：字体为"幼圆"，字号为"小四"，字形为"加粗 倾斜"，字体颜色为
 "标准色-紫色"。

● 第 3 段：字体为"宋体"，字号为"小四"，下划线线型为"双波浪线"，下划线颜色
 为"标准色-橙色"。

● 第 4～7 段：字体为"宋体"，字号为"小四"，字形为"加粗"。

● 第 7 段：字体颜色为"标准色-红色"。

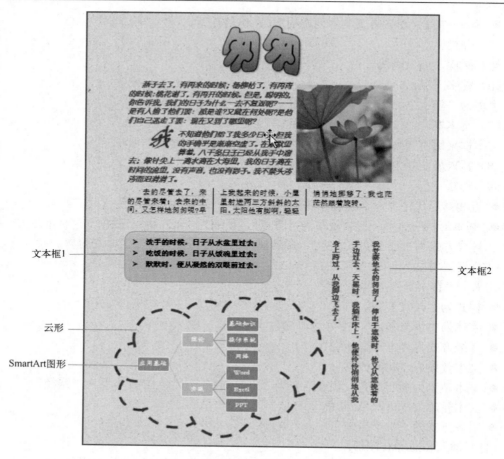

图 3-172 "图文混排 2"效果图

（4）段落的设置。

- 第 1、2 段：对齐方式为"两端对齐"，首行缩进 2 字符，单倍行距。
- 第 2 段："段前""段后"均设置为"0.5 行"。
- 第 3 段：对齐方式为"两端对齐"，首行缩进 2 字符，"段前""段后"为"0.5 行"，单倍行距。
- 第 4～7 段：对齐方式为"两端对齐"，多倍行距为"1.3 倍"。

（5）首字下沉。

字体为"方正舒体"，下沉：3 行。

（6）分栏。

第 3 段：分为等宽三栏，加分隔线。

（7）文本框。

- 文本框 1：圆角矩形，选择合适的形状样式。
- 文本框 2：竖排文本框，无形状轮廓。

（8）形状。

基本形状—云形，形状轮廓为"短划线"，粗细为"4.5 磅"，颜色为"标准色-紫色"，环绕方式为"浮于文字上方",置于底层,形状填充为"无填充",适当调整其大小及位置。

（9）艺术字。

① 艺术字"匆匆"。

● 样式为"样式 1"。

● 字体为"华文琥珀",字号为"60",加粗。

● 环绕方式为"上下型环绕"。

● 文本效果为"上翘"。

● 文本填充为渐变填充,预设渐变"中等渐变-个性色 2",类型为"线性"。

● 文本轮廓为"标准色-深蓝"。

● 对齐方式为水平居中。

（10）插入 SmartArt 图形。

层次结构为"水平层次结构",更改颜色为"彩色范围-个性色 3 至 4"。

（11）插入图片。

适当调整其大小,并放置在合适的位置。

（12）页面颜色。

填充效果为"纹理---再生纸"。

5．表格 1。

（1）创建新文档并保存。

文件名为"表格 1.docx",如图 3-173 所示。

（2）页面设置。

纸张方向为"纵向",纸张大小为"A4";页边距为:上、下 2.54 厘米;左、右 3.17 厘米。

（3）绘制表格。

● 14 行 5 列。

● 根据样图合并相应的单元格。

● 适当调整行高和列宽,输入必要的文本。

● 添加外边框:选择合适的线条,宽度为 3.0 磅。

● 添加内边框。

（4）添加底纹:颜色自选,美观大方。

6．表格 2。

（1）创建新文档并保存。

文件名为"表格 2.docx",如图 3-174 所示。

（2）页面设置。

纸张方向为"纵向",纸张大小为"A4";页边距为:上、下 2.54 厘米;左、右 3.17 厘米。

（3）插入表格。

● 7 行 9 列。

● 根据样图合并相应的单元格。

● 适当调整行高和列宽,输入必要的文本。

● 绘制斜线表头。

***家庭月消费记录

	产品名称	价格（元）	记录	结论
饮食	肉类	2200	猪肉、牛肉、羊肉、鸡肉	适当增加鱼类
	蔬菜水果	1000	苹果、桃子香蕉、葡萄	增加
	零食	600	薯片、巧克力奥利奥、海苔等	尽量减少
服饰	父母	800	保暖衣两套	需增加
	孩子	900	运动鞋	保持
	女主人	4000	外套裤子裙子。。。	减少
	男主人	600	衬衣	保持
书籍	学习类	869	计算机，英语	按需购买
	娱乐养生	360	瑜伽，古筝	适宜
	厨艺美食	210	西餐方面	书籍足够
旅游	近郊	1000	各公园	喜欢
	南京	4000	夫子庙玄武湖	喜欢

图 3-173 "表格 1" 效果图

***大学计算机系 第一学期课程表

		星期\时间	一	二	三	四	五	
自尊 自信 自立 自强	上午	1	写作	英语	高数	英语	政治	崇德 至爱 博学 尚美
		2	高数	英语	高数	英语	政治	
		3	英语	语文	语文	地理	体育	
		4	语文	高数	语文	语文	体育	
	下午	5	体育	高数	语文	网络	历史	
		6	自习	自习	政治	网络	自习	

图 3-174 "表格 2" 效果图

7．长文档的排版 1。

（1）创建新文档并保存。

文件名为"长文档的排版 1.docx"，如图 3-175 和图 3-176 所示。

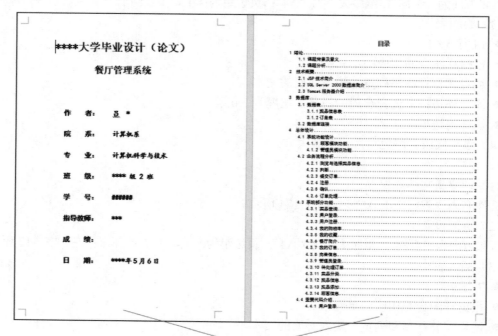

封面没有页码，目录的页码单独编排

图 3-175 封面效果

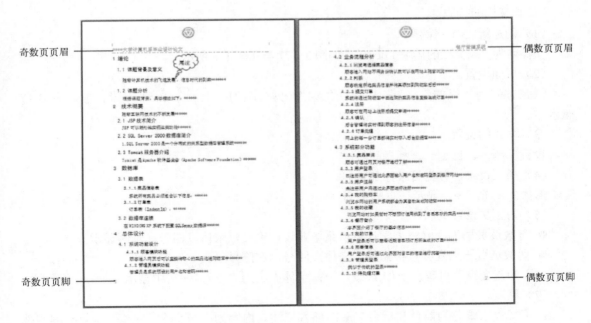

奇数页页眉　　　　　　　　　　　　　　　　　　　　　　　　　偶数页页眉

奇数页页脚　　　　　　　　　　　　　　　　　　　　　　　　　偶数页页脚

图 3-176　奇偶页效果

（2）页面设置。

纸张方向为"纵向"，纸张大小为"A4"；页边距为：上、下 2.54 厘米，左、右 3.17 厘米。

（3）样式的设置。

设置标题一、标题二、标题三等。

（4）插入目录，并为目录添加页码。

形如：A，B，…，显示在页脚中部。

（5）为正文设置页眉。

● 奇数页页眉为："****大学计算机系毕业设计论文"，宋体，四号，左侧显示，并在居中位置显示学校的 LOGO 图片。

● 偶数页页眉为："餐厅管理系统"，宋体，四号，右侧显示；并在居中位置显示学校的 LOGO 图片。

（6）为正文设置页码。

● 形如：1，2，…；字体大小为"三号"。

● 奇数页页码放置在页脚左侧。

● 偶数页页码放置在页脚右侧。

（7）尾注。

在正文第三段"随着计算机技术的飞速发展"后面插入尾注。内容为：Java 程序设计. 机械工业出版社。

8. 长文档的排版 2。

（1）创建新文档并保存。

文件名为"长文档的排版 1.docx"，如图 3-177 与图 3-178 所示。

（2）页面设置。

纸张方向为"纵向"，纸张大小为"A4"；页边距为：上、下 2.54 厘米；左、右 3.17 厘米。

（3）样式的设置。

设置标题一、标题二、标题三等。

（4）插入目录，并为目录添加页码。

形如：i，ii，…，显示在页脚中部。

（5）为正文设置页眉。

● 奇数页页眉为：****大学计算机系毕业设计论文，宋体，四号，左侧显示。

● 偶数页页眉为视频点播系统，宋体，四号，右侧显示。

（6）为正文设置页码，形如 1，2，…；字体大小为"三号"，居中显示。

（7）尾注。

在正文"系统分为前台和后台"后面插入尾注。内容为：厉小军　主编，《Web 编程技术》，机械工业出版社　2004。

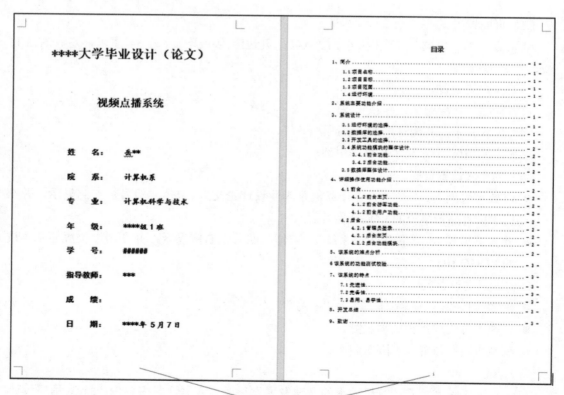

封面没有页码，目录的页码单独编排

图 3-177　封面效果

奇数页
页眉

偶数页
页眉

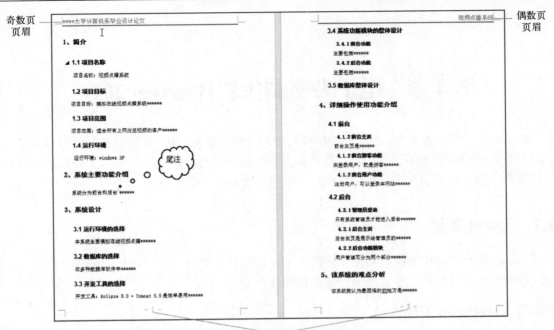

奇数页与偶数页页脚

图 3-178　奇偶页效果

第4章　电子表格制作软件 Excel 2016

Excel 是一个功能强大的电子表格制作与处理软件，它从 1985 年问世起，就是 Office 办公系列软件的重要组成部分。Excel 具有强大的数据计算与分析功能，可以把数据用各种统计图的形式形象地表示出来，被广泛应用于财务、金融、管理等众多领域。

4.1　Excel 概述

Excel 是一个操作便捷、功能多样的表格处理软件，它具有表格编辑、公式计算、数据处理和图表分析等功能，使其成为日常工作的好助手。

4.1.1　Excel 2016 工作窗口

当计算机正确安装了 Office 2016 后，启动 Excel 十分简单。从"开始"菜单启动 Excel 2016，即可进入其工作窗口。Excel 2016 工作窗口包括标题栏、文件选项卡、快速访问工具栏、功能选项卡标签、各功能组、编辑栏、工作表区、工作表标签栏、状态栏、显示模式、显示比例等，如图 4-1 所示。

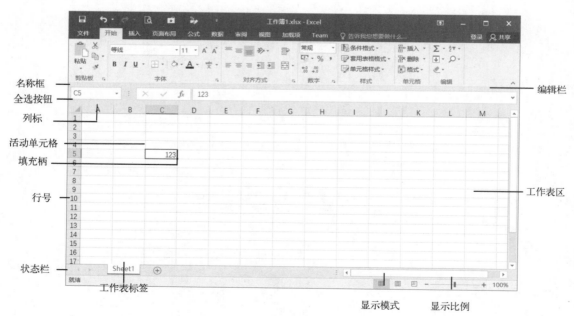

图 4-1　Excel 2016 工作窗口

（1）名称框

用来显示所选单元格或单元格区域的名称。

（2）编辑栏

用来显示当前活动单元格中的数据内容和具体公式。在编辑栏中输入数据或公式时，工具框会显示三个 × ✓ fx 按钮，分别表示取消输入内容、编辑内容和插入函数。

（3）工作表区

工作表区用来输入数据、记录和显示数据、编辑表格等，占据屏幕的大部分。Excel 强大功能的实现，主要依靠对工作表区中的数据进行编辑和处理。

（4）工作表标签

用来标识工作簿中不同的工作表，以便快速进行工作表间的切换。当前工作表以白底显示，其他工作表以灰底表示。

4.1.2　Excel 基本概念

（1）工作簿

工作簿是 Excel 用来处理和存储数据的文件，一个工作簿就是一个 Excel 文件，其扩展名为"xlsx"。

（2）工作表

一个工作簿由 255 张工作表组成，对数据的组织和管理都是通过工作表来完成的。工作表也称为电子表格，是 Excel 的基本工作单位。

在 Excel 2016 中，每张工作表由 16 384 列、1 048 576 行组成，每一列的列标由 A、B、C、…、AA、AB、AC、…（16 384 列）表示，每一行的行号由 1、2、3、…、1 048 576 表示，工作表的名称显示在工作表标签上。

（3）单元格

工作表中行与列交叉处的小方格称为单元格。每个单元格都有唯一的地址，地址由单元格的列标和行号表示。例如，在当前工作表 H 列和 6 行交叉处的单元格表示为"H6"，也称为单元格地址。

在当前工作表中若要表示其他工作表的单元格，使用"表名!单元格名"来表示。例如，在当前工作表中要表示 Sheet3 表的 H6 单元格，应表示为：Sheet3!H6。

（4）单元格区域

单元格区域是指工作表中多个单元格的集合。单元格区域可分为连续单元格和不连续单元格区域。要表示一个连续的单元格区域，可以用该区域左上角和右下角单元格表示，中间用冒号（:）分隔。例如，图 4-2 所示的单元格区域表示为：B2:F6。

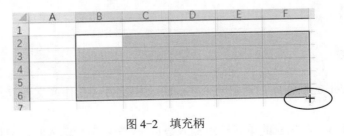

图 4-2　填充柄

（5）活动单元格

通常将当前正在操作的单元格称为活动单元格，其外边框显示为深黑色，如图 4-2 所示。该单元格中的内容，将显示在编辑栏中。在活动单元格的右下角有一个小黑方块，称为填充柄。用填充柄可以填充某个单元格区域的内容。

4.2 Excel 基本操作

 任务描述

制作如图 4-3 所示的表格，熟悉 Excel 2016 的基本操作和功能。

学号	姓名	性别	高数	英语	写作	计算机
\multicolumn{7}{学生成绩表}						
						2019年10月25日
0116001	陈敏华	女	87.0	92.0	86.0	78.0
0116002	李淑林	女	82.0	85.0	81.0	90.0
0116003	杨禾	女	76.0	66.0	75.0	82.0
0116004	张潇	男	93.0	88.0	92.0	95.0
0116005	程玲	女	72.0	75.0	88.0	68.0
0116006	刘珊珊	女	84.0	89.0	77.0	96.0
0116007	王子涵	男	92.0	72.0	89.0	91.0
0116008	宋辉	男	68.0	83.0	65.0	80.0
0116009	王思竹	女	73.0	62.0	68.0	70.0
0116010	任立新	男	77.0	96.0	95.0	85.0

图 4-3　学生成绩表

任务分析

在上述表格制作中，用到了 Excel 2016 的如下功能。
- ☑ 数据输入
- ☑ 数据格式设置
- ☑ 单元格格式设置
- ☑ 表格修饰

操作步骤

1）启动 Excel 应用程序，新建一个 Excel 文档文件（工作簿文件），并保存在自己的文件夹中。

2）按照图 4-3，在相应的单元格中输入数据。"学号"列输入时，应以'（半角单引号）开头，在 B5 单元格中输入学号"0116001"时，应输入"'0116001"。在 B6 单元格中输入"'0116002"，然后选定 B5:B6 单元格区域，使用鼠标拖动单元格区域的填充柄，向下可以快

速填充数据。数据输入完成后，如图 4-4 所示。

	A	B	C	D	E	F	G	H
1								
2		学生成绩表						
3								2019/10/25
4		学号	姓名	性别	高数	英语	写作	计算机
5		0116001	陈敏华	女	87	92	86	78
6		0116002	李淑林	女	82	85	81	90
7		0116003	杨禾	女	76	66	75	82
8		0116004	张潇	男	93	88	92	95
9		0116005	程玲	女	72	75	88	68
10		0116006	刘珊珊	女	84	89	77	96
11		0116007	王子涵	男	92	72	89	91
12		0116008	宋辉	男	68	83	65	80
13		0116009	王思竹	女	73	62	68	70
14		0116010	任立新	男	77	96	95	85

图 4-4　数据输入后的学生成绩表

3）格式设置。

- 设置行高：选中第 2 行中任意一个单元格，选择"开始"→"单元格"组，单击"格式"按钮，在下拉列表框中选择"行高"选项，在弹出的"行高设置"对话框中输入 28。然后设置第 4~14 行的行高为 25，其他选用默认值。
- 设置数字格式：选中单元格区域"E5:H14"并右击，在弹出的快捷菜单中选择"设置单元格格式"命令。在"设置单元格格式"对话框中选择"数字"选项卡，在"分类"列表中选择"数值"选项，并将"小数位数"设置为 1，如图 4-5 所示，即各门成绩保留 1 位小数。

图 4-5　"设置单元格格式"对话框

- 设置单元格格式：选中单元格区域"B5:H4"，选择"开始"→"字体"组，设置字体为楷体，12 号；选择"开始"→"对齐方式"组，将水平对齐和垂直对齐方式均设置为"居中"。选中单元格区域"B2:H2"，选择"开始"→"对齐方式"组，单击

"合并后居中"按钮，并设置字体为隶书，加粗，24 号，深蓝色；填充颜色为"蓝色，个性色 1，淡色 60%"。

● 设置表格边框：选中单元格区域"B2:H14"并右击，在弹出的快捷菜单中选择"设置单元格格式"命令。在"设置单元格格式"对话框中选择"边框"选项卡，根据图 4-3 对边框样式进行设置。

 主要知识点

4.2.1 各种类型数据的输入

1．文本输入

文本包括汉字、英文字母、特殊符号、数字、空格及其他能从键盘输入的符号。

在 Excel 中，一个单元格内最多可容纳 32 767 个字符，编辑栏可以显示全部字符，而单元格内最多只可显示 1024 个字符。

默认情况下，字符沿单元格左对齐。

当数字以字符的形式输入时（如身份证、职工号、学号、邮政编码等），应以'（半角单引号）开头。若直接按数字形式输入的话，最前面的"0"将不会显示。

2．数字输入

在 Excel 中，可作为数字使用的符号：0～9 – （）. ， / $ ￥ % E e。

默认情况下，数字沿单元格右对齐。

输入负数时，数字前输入一个减号"–"，也可以将数字置于括号"（）"中。例如，在选定的单元格中输入"（5）"，按〈Enter〉键后，即显示为"–5"。

输入分数时，须在分数前输入一个"0"和空格。例如，要输入分数"3/4"，须输入"0 3/4"，再按〈Enter〉键。如果没有输入"0"和空格，Excel 会把该数据作为日期处理，将显示"3 月 4 日"。

3．日期和时间输入

输入日期时，使用"/"或"–"来分隔年、月、日。建议在输入日期时，应输入 4 位数字的年份。输入当前系统日期时，可用〈Ctrl+;〉组合键。

输入时间时，小时与分钟或秒之间用冒号"："来分隔。输入当前系统的时间时，可用〈Ctrl+Shift+;〉组合键。

在单元格中同时输入日期和时间时，中间要用空格隔开。

4.2.2 数据的自动输入

对于有规律的数据，例如，相同的数据内容，等差数列、等比数列，常用的数据序列如"春夏秋冬""甲乙丙丁"等，可以使用 Excel 提供的自动输入功能。

1．使用自动填充柄

使用自动填充柄填充或复制数据的方法如下。

● 选定要进行数据填充或复制的单元格或单元格区域。

● 将鼠标指针指向填充柄。

● 当鼠标指针变为实心的十字形时，拖动填充柄，即完成数据填充。

【例 4-1】 在 A2 单元格中输入数值“1”，在 A3 单元格中输入数值“2”，同时选中 A2:A3 单元格区域，用鼠标向下拖动单元格区域的填充柄（见图 4-6），即可得到增量为 1 的输入数值：1、2、3、4、5，如图 4-7 所示。

【例 4-2】 在 B2 单元格中输入“女”，选中 B2 单元格，用鼠标向下拖动单元格填充柄，即可复制出相同的文本“女”，如图 4-7 所示。

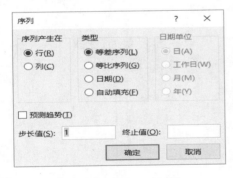

	A	B
1	序号	性别
2	1	女
3	2	
4	3	
5	4	
6	5	
7	6	

图 4-6　自动填充

	A	B
1	序号	性别
2	1	女
3	2	女
4	3	女
5	4	女
6	5	女
7	6	女

图 4-7　自动填充结果

连续的日期序列也可以用此方法快速填充。

2．使用“填充”命令

选择“开始”→“编辑”→“填充”选项，从其下拉菜单中选择“序列”命令，将出现如图 4-8 所示的“序列”对话框。在该对话框中，可指定序列产生的方式、类型等。

【例 4-3】 C2 单元格的初值为“3”，步长值为“3”，终值为“300”，选择类型为“等比序列”，序列产生在“列”，则最终填充的结果是在 C2～C6 单元格中分别为 3、9、27、81、243，如图 4-9 所示。

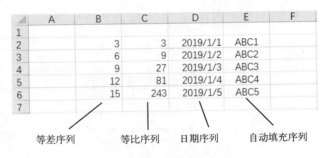

图 4-8　“序列”对话框

图 4-9　各序列填充的结果

日期序列根据起始单元格的数据填入日期，可以设置以日、工作日（序列中不包含星期六与星期日）、月或年为单位。

还可以利用此对话框做等差序列、日期序列的填充，如图 4-9 所示。

3．自定义填充序列

在 Excel 中，系统预先已经定义好了一些常用序列，如“甲乙丙丁戊己庚辛”“星期一星期二星期三…”等，输入序列中的任意一个数据到单元格中，使用鼠标拖动填充柄，即可快速地填充相应序列。

选择“文件”→“选项”命令，打开“Excel 选项”对话框，选择左侧列表中的“高级"选项，单击"常规"选项组中的"编辑自定义列表"按钮，如图 4-10 所示。打开"自定义序列"对话框，如图 4-11 所示，其中"自定义序列"列表框中显示了已定义好的各种填充序列。

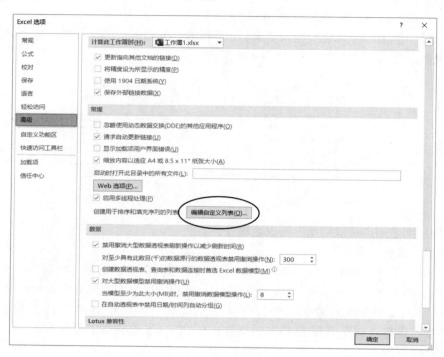

图 4-10 "编辑自定义列表"按钮

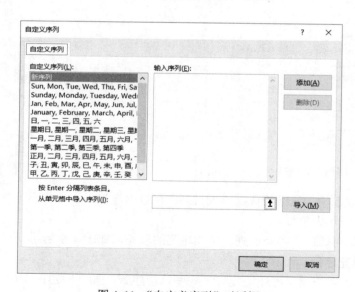

图 4-11 "自定义序列"对话框

【例 4-4】 在 B2 单元格输入"星期一"，选中 B2 单元格，拖动填充柄，即可自动填充相应的序列数据：星期一、星期二、星期三等。

在 C2 单元格输入"甲",选中 C2 单元格,向下(或向右)拖动填充柄,即可自动填充,得到的序列数据:甲、乙、丙、丁等,如图 4-12 所示。

Excel 除了提供预定义的序列外,还允许用户将常用的一些序列自定义为自动填充序列,操作方法如下。

【例 4-5】 定义新序列"春季""夏季""秋季""冬季"。

选中图 4-11 中的"新序列"选项,并在"输入序列"文本框中输入新序列"春季、夏季、秋季、冬季",如图 4-13 所示;单击"添加"按钮,新定义的填充序列就出现在"自定义序列"列表框中了,单击"确定"按钮。若再要填充此序列就可以直接使用填充柄来快速填充了。

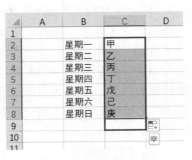

图 4-12　用填充柄快速填充数据

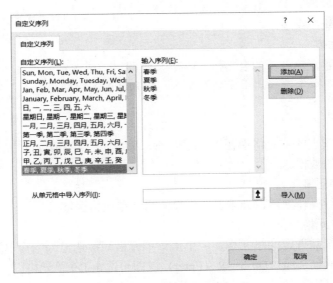

图 4-13　添加自定义序列

4.2.3　工作表的基本操作

在 Excel 中对工作表的操作最常用的就是选定、插入、复制和删除工作表。

1．选定工作表

单击工作表的标签即可选定工作表。若需要同时选择相邻的多个工作表,单击要选择的第一个工作表标签,按住〈Shift〉键后再单击最后一个工作表标签;若要选择多个不相邻的工作表,按住〈Ctrl〉键的同时分别单击要选定的各个工作表标签。

2．插入工作表

选定某工作表,新的工作表将会插入到当前活动工作表的前面,有如下两种方法。

● 选择"开始"→"单元格"组,单击"插入"按钮,从其下拉菜单中选择"插入工作表"命令。

● 在当前工作表标签处右击，在弹出的快捷菜单中选择"插入"命令，即可插入新的工作表。

3．移动或复制工作表

选定一个工作表，选择"开始"→"单元格"组，单击"格式"按钮，在其下拉菜单选择"移动或复制工作表"命令，弹出如图 4-14 所示的对话框，选择要移动或复制的位置。如果是复制工作表，则还需选中"建立副本"复选框，单击"确定"按钮后即可完成工作表的移动或复制操作。

4．删除工作表

选定要删除的工作表，选择"开始"→"单元格"组，单击"删除"按钮，从下拉菜单中选择"删除工作表"命令。或选定要删除的工作表并右击，在弹出的快捷菜单中选择"删除"命令。

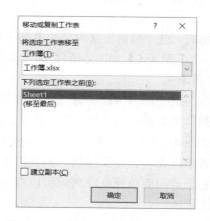

图 4-14　"移动或复制工作表"对话框

5．重命名工作表

双击工作表标签，输入新的名字按〈Enter〉键即可，或选定要重命名的工作表标签并右击，在弹出的快捷菜单中选择"重命名"命令，输入新的名字即可。

4.2.4　编辑数据

除了直接向工作表的单元格中输入数据以外，用户还经常需要对单元格中的数据进行编辑，以便获得需要的数据。

1．选定单元格区域

在对单元格进行操作之前，必须要选定单元格或单元格区域。

1）选择一个单元格

将鼠标指针移至需选定的单元格上，单击该单元格即被选定为当前单元格。或在单元格名称栏输入单元格地址，如"D9"，按〈Enter〉键即可选定 D9 单元格。

2）选择连续的单元格区域

单击选定区域中左上角的单元格，拖动鼠标到选定区域的右下角单元格，即选中单元格区域；或者单击选定区域中左上角的单元格，按住〈Shift〉键的同时单击右下角单元格。

3）选择不连续的单元格区域

选定第一个单元格区域之后按住〈Ctrl〉键，使用鼠标选定其他目标单元格区域即可。

4）整行、整列的选择

单击工作表行号或列标，即可选中整行或整列。

5）整个工作表的选择

单击列标题栏与行标题栏的交叉处，即工作表左上角的按钮，也称为全选按钮（见图 4-1），可以选中整个工作表。

6）取消选择的单元格区域

在工作表中单击任一单元格即可取消原先的选择。

2．单元格的插入与删除

- 插入单元格：选择"开始"→"单元格"→"插入"选项，从下拉菜单中选择"插入单元格"命令，出现如图 4-15 所示的"插入"对话框，选择一种插入方式后，单击"确定"按钮。
- 删除单元格：选定一个或多个单元格，然后选择"开始"→"单元格"→"删除"选项，从下拉菜单中选择"删除单元格"命令，出现如图 4-16 所示的"删除"对话框，根据需要确认要删除的选项，单击"确定"按钮即可删除。

图 4-15　"插入"对话框

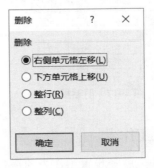
图 4-16　"删除"对话框

3．行和列的插入与删除

- 插入行和列：将鼠标指针移至要插入行、列的位置，如果要插入多个行或列，则需要在插入位置选中相同数目的行（列）；根据插入需要，选择"开始"→"单元格"→"插入"选项，从下拉菜单中选择"插入工作表行"或"插入工作表列"命令，即可插入。
- 删除行和列：选择需要删除的行或列，选择"开始"→"单元格"→"删除"选项，从下拉菜单中选择"删除工作表行"或"删除工作表列"命令，即可删除相关行或列。

4．数据的移动与复制

移动单元格内容是将单元格中的内容转移到其他单元格中。复制单元格是将单元格中的内容复制到其他位置，而原位置内容仍然存在。

（1）移动（复制）整个单元格区域

- 单击源单元格使其成为活动单元格，选择"开始"→"剪贴板"→"剪切"或"复制"选项；接着定位到目标单元格，然后选择"开始"→"剪贴板"→"粘贴"选项，完成单元格数据的移动或复制，如图 4-17 所示。
- 如果目标单元格与源单元格位置距离较近，可以单击源单元格，然后将鼠标指针移至单元格的边框上（注意：此时鼠标指针变为四向箭头），然后按住鼠标左键并拖动，到目标位置时释放鼠标即可。如要复制，则需在拖动时按住〈Ctrl〉键不放。

（2）选择性地复制单元格

选择"开始"→"剪贴板"→"选择性粘贴"选项，可以粘贴内容、格式或公式等，如图 4-18 所示。

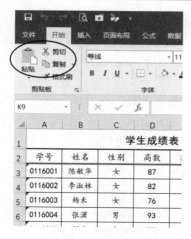

图 4-17 剪贴板

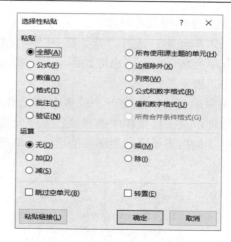

图 4-18 "选择性粘贴"对话框

4.2.5 格式化工作表

格式化工作表就是设置工作表的格式，这种设置不会影响其中的数据，它所改变的只是数据的表现形式。Excel 提供了十分丰富的格式化命令，用来设定数字的格式、文本的对齐方式、字形字体的设置、边框底纹颜色的设定等。

1. 设定单元格的格式

将数据内容输入到工作表中以后，下一步的工作是对表格进行格式设置。例如，设置数据的显示格式，调整行高与列宽，调整表中数据的位置等。

首先选定要设置格式的单元格区域，选择"开始"→"字体"组，单击"对话框启动"按钮，或者选择"开始"→"单元格"组，单击"格式"选项，在下拉菜单中选择"设置单元格格式"命令，打开"设置单元格格式"对话框。

1)"数字"选项卡用于设置数据的显示形式，如图 4-19 所示。

2)"对齐"选项卡用于设置数据的对齐方式、是否合并单元格等，如图 4-20 所示。

图 4-19 "数字"选项卡

图 4-20 "对齐"选项卡

3）"字体"选项卡用于设置数据的字体格式，如图 4-21 所示。

4）"边框"选项卡用于设置单元格的边框颜色和边框的样式，如图 4-22 所示。

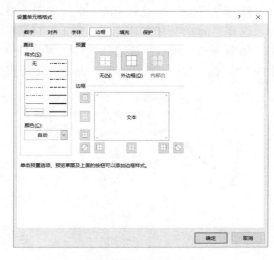

图 4-21　"字体"选项卡 　　　　　　　　　　图 4-22　"边框"选项卡

5）"填充"选项卡用于设置单元格的背景和图案的颜色样式，如图 4-23 所示。

6）"保护"选项卡用于使单元格中的数据不被随意修改，如图 4-24 所示。

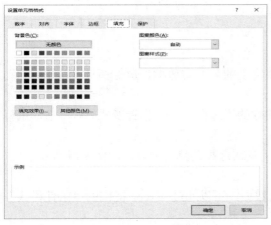

图 4-23　"填充"选项卡 　　　　　　　　　　图 4-24　"保护"选项卡

在"开始"选项卡中，有"字体""对齐方式""数字"组，在组中提供了格式设置的各种按钮，如图 4-25 所示。这些按钮可以用来设置单元格或单元格中数据的格式，如数据的字体和字号；数据在单元格中的对齐方式；数字的显示格式；边框、底纹、字体颜色等。

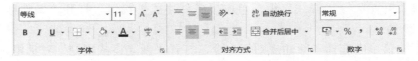

图 4-25　在功能选项卡中设置单元格和数字格式的各种按钮

2．设置列宽和行高

（1）使用菜单命令设置

选择"开始"→"单元格"组，单击"格式"按钮，出现如图 4-26 所示的下拉菜单。

选择"列宽"命令，打开"列宽"对话框，在"列宽"文本框中输入精确的数值设定列宽，如图 4-27 所示；若选择"自动调整列宽"命令，可把列宽设置为选定列里最宽的单元格内容宽度；选择"默认列宽"命令，是设置默认的标准列宽值。

图 4-26 "格式"下拉菜单

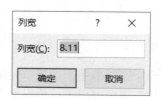

图 4-27 "列宽"对话框

行高的调整设置与列宽相类似，不再赘述。

（2）使用鼠标调整列宽和行高

要调整列的宽度，可将鼠标指针移到要调整宽度的列的右边框，鼠标指针变成╋后拖动鼠标到适当位置，即可改变单元格的宽度。

调整行高则是将鼠标指针移到要调整高度的行的下边框，鼠标指针变成╋后，拖动鼠标到适当的位置，即可改变行的高度。

当鼠标指针形状变成╋或╋后，双击即可将列宽或行高调整到最合适的宽度或高度。

3．设置条件格式

在工作表中，如果希望突出显示符合条件的数据，可以通过 Excel 提供的"条件格式"命令实现。

（1）设置条件格式

【例 4-6】 在学生成绩表（原表）中，如图 4-28 所示，将各科成绩大于等于 90 的分数以红色、加粗、倾斜并加下划线的形式显示。

具体操作步骤如下。

1）选中要设置特殊显示格式的数据区（D3:G12）。

2）选择"开始"→"样式"组，单击"条件格式"按钮，打开"条件格式"下拉菜单，如图 4-29 所示。

3）在下拉菜单中选择"新建规则"命令，打开"新建格式规则"对话框，如图 4-30 所示。

A	B	C	D	E	F	G
		三班学生成绩一览表				
学号	姓名	性别	高数	英语	写作	计算机
0116001	陈敏华	女	87	92	86	78
0116002	李淑林	女	82	85	81	90
0116003	杨禾	女	76	66	75	82
0116004	张潇	男	93	88	92	95
0116005	程玲	女	72	75	88	68
0116006	刘珊珊	女	84	89	77	96
0116007	王子涵	男	92	72	89	91
0116008	宋辉	男	68	83	65	80
0116009	王思竹	女	73	62	68	70
0116010	任立新	男	77	96	95	85

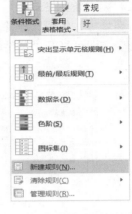

图 4-28　学生成绩表（原表）　　　　　　图 4-29　"条件格式"下拉菜单

图 4-30　"新建格式规则"对话框

4）根据题目条件的要求，在相应的框内进行设计和选择，单击"确定"按钮后，符合条件的数据如图 4-31 所示。

A	B	C	D	E	F	G
		三班学生成绩一览表				
学号	姓名	性别	高数	英语	写作	计算机
0116001	陈敏华	女	87	*92*	86	78
0116002	李淑林	女	82	85	81	*90*
0116003	杨禾	女	76	66	75	82
0116004	张潇	男	*93*	88	*92*	*95*
0116005	程玲	女	72	75	88	68
0116006	刘珊珊	女	84	89	77	*96*
0116007	王子涵	男	*92*	72	89	*91*
0116008	宋辉	男	68	83	65	80
0116009	王思竹	女	73	62	68	70
0116010	任立新	男	77	*96*	*95*	85

图 4-31　设定"条件格式"的学生成绩表

（2）编辑条件格式

若要增加、编辑、删除一个或多个条件，可以选择"条件格式"下拉菜单中的"管理规则"命令，即可打开"条件格式规则管理器"对话框，如图 4-32 所示，进行相关的操作。

图 4-32 "条件格式规则管理器"对话框

4.3 公式与函数

Excel 2016 除了可以进行一般的表格格式处理外，更具有强大的计算功能，这些计算功能主要通过公式和函数来实现。使用公式和函数，使得工作表的功能大大增强，表格不再仅仅是数据的堆砌，而变成了进行数据处理的有效工具。

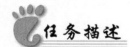任务描述

图 4-33 所示为"学生成绩表"原表格。

学号	姓名	性别	高数	英语	写作	计算机
			学生成绩表			
0116001	陈敏华	女	87	92	86	78
0116002	李淑林	女	82	85	81	90
0116003	杨禾	女	76	66	75	82
0116004	张蒲	男	93	88	92	95
0116005	程玲	女	72	75	88	68
0116006	刘珊珊	女	84	89	77	96
0116007	王子涵	男	92	72	89	91
0116008	宋辉	男	68	83	65	80
0116009	王思竹	女	73	62	68	70
0116010	任立新	男	77	96	95	85

图 4-33 "学生成绩表"原表格

通过对多种函数的使用，完成如图 4-34 所示的"学生成绩表"。

学号	姓名	性别	高数	英语	写作	计算机	总分	平均分	总评	名次
0116001	陈敏华	女	87	92	86	78	343	85.75	优秀	5
0116002	李淑林	女	82	85	81	90	338	84.50	合格	6
0116003	杨禾	女	76	66	75	82	299	74.75	合格	8
0116004	张潇	男	93	88	92	95	368	92.00	优秀	1
0116005	程玲	女	72	75	88	68	303	75.75	合格	7
0116006	刘珊珊	女	84	89	77	96	346	86.50	优秀	3
0116007	王子涵	男	92	72	89	91	344	86.00	优秀	4
0116008	宋辉	男	68	83	65	80	296	74.00	合格	9
0116009	王思竹	女	73	62	68	70	273	68.25	合格	10
0116010	任立新	男	77	96	95	85	353	88.25	优秀	2
女生占全班总人数的比例	60%									

图 4-34　使用各种函数后的"学生成绩表"

任务分析

完成上述表格，需要用到 Excel 2016 的如下功能。

☑ 公式的使用

☑ SUM 函数、IF 函数、RANK 等函数的运用

☑ 表格修饰

操作步骤

1）在"学生成绩表"中增加"总分"列。在 H3 单元格中直接输入公式"=SUM (D3:G3)"，按〈Enter〉键。使用 H3 单元格的填充柄，向下拖拽，直到 H12 单元格，即可得到每个学生的总分值。

2）在"学生成绩表"中增加"平均分"列。在 I3 单元格中输入公式"=AVERAGE (D3:G3)"，按〈Enter〉键。使用 I3 单元格的填充柄，向下拖拽，直到 I12 单元格，即可得到每个学生的平均分。

3）在"学生成绩表"中增加"总评"列。"总评"是根据学生的"平均分"计算出相应等级。选定 J3 单元格，选择"公式"→"插入函数"选项 f_x，打开"插入函数"对话框，并在"选择函数"列表中选中函数"IF"，如图 4-35 所示。打开函数"IF"的"函数参数"对话框，输入内容如图 4-36 所示。使用填充柄自动填充"总评"列的值。

4）增加"名次"列，"名次"是根据"平均分"进行计算的。选定 K3 单元格，打开函数"RANK"的"函数参数"对话框，输入内容如图 4-37 所示。使用填充柄自动填充"名次"列的值。

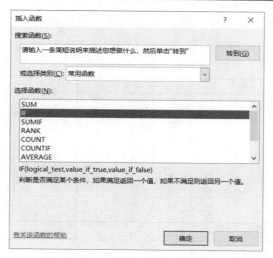

图 4-35 "插入函数"对话框

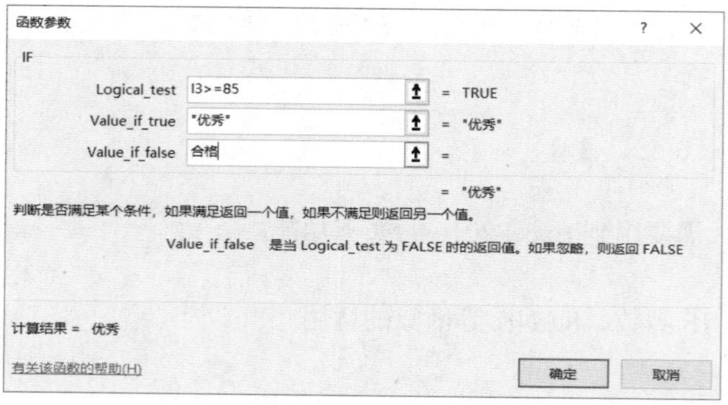

图 4-36 设置 IF 函数参数

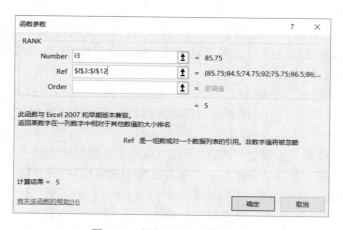

图 4-37 设置 RANK 函数参数

5）用 COUNTIF 函数统计出"学生成绩表"中女生所占的比例。选定 H14 单元格，输入公式"=COUNTIF(C3:C12, C3) / COUNT(D3:D12)"即可。

主要知识点

4.3.1　公式

公式是以"="开头的表达式。其中，表达式由运算符、常量、函数、单元格地址等组成，不能包含空格。使用公式可以对单元格中的数据进行加、减、乘、除、乘方、统计等计算，也可以用公式对文本进行操作和比较。

1．公式的输入

选中要输入公式的单元格，直接在单元格或编辑栏中输入计算的公式内容，输入公式时以"="开头，输入完成后按〈Enter〉键或单击编辑栏的"输入"按钮 ✓，在选定单元格中将显示公式的计算结果。

2．公式中的运算符

在公式中，每个参与运算的数据值或单元格地址等都是由运算符来连接的，表 4-1 列出了各种运算符及其功能。

表 4-1　Excel 常用运算符及其功能

运算符	所属类型	功能	示例
冒号符"："	引用运算	区域引用，以两个单元格为对角线的矩形区域	B2:D7 表示从左上角 B2 单元格到右下角 D7 单元格区域中的数据
逗号符"，"		联合引用，表示将所有引用合为一个引用	=SUM(A1:B4, D2:E4) 表示计算 A1:B4 与 D2:E4 两个区域数据的和
空格符		对两个引用共有的单元格进行引用	=SUM(B3:C7 C5:D9) 表示计算 B3:C7 与 C5:D9 相交区域，即 C5:C7 数据的和
+、−、*、/	算术运算	加、减、乘、除运算	=3+3 或 =E5+F6
^		乘方运算	=3^5 (即=3*3*3*3*3)
%		百分比运算	=25% (即=0.25)
=、>、<	比较运算	等于、大于、小于	=A1=B1、=A1>B1、=A1<B1 其结果为 "TRUE" 或 "FALSE"
>=、<=、<>		大于或等于、小于或等于、不等于	=A1>=B1 其结果为 "TRUE" 或 "FALSE"
&	文本连接	两个字符串连接产生一个新字符串	= "计算机" & "技术" 其结果为 "计算机技术"

3．公式的复制

为了避免大量重复输入公式的工作，完成快速计算，常常需要进行公式的复制。公式复制的方法有两种。

- 选定含有公式的待复制单元格并右击，在弹出的快捷菜单中选择"复制"命令，然后将鼠标指针移至目标单元格并右击，在弹出的快捷菜单中选择"粘贴公式"命令，即可完成公式复制。
- 选定含有公式的待复制单元格，拖动单元格的自动填充柄，可完成相邻单元格公式的复制。

4.3.2　单元格的引用

单元格的引用是指对单元格地址的引用，其作用是标识工作表中的单元格和单元格区域，并使用引用的单元格地址对公式内容进行计算。单元格引用分为相对引用、绝对引用、混合引用和跨工作表的单元格地址引用。

1．相对引用

相对引用是指公式中的单元格地址随着公式单元格位置的改变而改变。Excel 中默认的单元格引用就是相对引用，直接用列标和行号表示，如"C5""F7"或"D5:F6"。在公式的复制中，原公式中的单元格地址会根据公式移动的相对位置做相应地改变。

【例4-7】 计算图 4-38 中的总销售量，需在单元格 H4 中输入公式"=E4+F4+G4"，拖动 H4 单元格的填充柄至 H6，H6 单元格中的公式变成了"=E6+F6+G6"，这就是相对引用。

图 4-38 图书销售表

2．绝对引用

绝对引用指公式中的单元格地址不随着公式位置的改变而发生改变。使用绝对引用的方法是在行号和列标前面加上"$"符号，如"$A$1""$B$2"。在公式的复制中，原公式中的单元格地址不会根据公式移动的位置而发生改变。

【例4-8】 计算图 4-39 中图书打折后的定价。C9 是折扣率，这是一个不变的数字，应该使用绝对引用，在单元格 D4 中输入公式"=C4-C4*$C$9"，然后拖动 D4 右下角的填充柄以复制公式，得出其他图书"打折后"的值。

	A	B	C	D	E	F	G	H	I
2		图书销售统计表							
3		书名	定价	打折后	1月份销量	2月份销量	3月份销量	总销量	总销售额
4		计算机应用基础	37.8	30.24	270	830	420	1520	
5		女性学导论	29.3		160	610	350	1120	
6		财务会计	41.6		390	1200	500	2090	
7									
8									
9		折扣率	20%						

D4 ＝C4-C4*$C$9

图 4-39 图书销售统计表

3．混合引用

混合引用是指在同一个单元格中，既含有相对引用又含有绝对引用。混合引用是在行号或列标前面加上"$"符号，如"$C5"或"C$5"。在公式的复制中，单元格地址相对引用部分根据公式移动的位置做相应改变，绝对引用部分保持不变。

例如，计算图 4-39 中图书的总销售额，需在单元格 I4 中输入公式"=H4*$D4"，然后拖动 I4 右下角的填充柄，得出其他图书的总销售额。

4．跨工作表的单元格地址引用

公式中可能会用到另一个工作表单元格中的数据，可通过如下形式引用：工作表名！单元格地址，如公式"=(B2+C2+D2)*Sheet2!A5"，其中"Sheet2!A5"表示工作表 Sheet2 中的 A5 单元格地址。

4.3.3　函数

函数是将一些频繁使用的或较复杂的计算过程，预先定义并保存的内置公式。在使用时，只需直接调用或通过输入简单参数就能得到计算结果。

Excel 提供了多种类型的函数，包括数学与三角函数、财务函数、日期与时间函数、统计函数、数据库函数等，利用这些函数，可以实现数学计算、逻辑计算和财务计算等。

1．函数的形式

函数由三部分组成，包括函数名、参数和括号。一般形式如下。

　　　　函数名(参数 1, 参数 2, …, 参数 n)

函数名后紧跟括号，括号前后不能有空格。参数可以有一个或多个，各个参数之间用逗号分隔。参数可以是数字、文本、逻辑值或单元格地址，也可以是公式或其他函数，当函数的参数为其他函数时称为嵌套。

2．函数的输入

函数的输入有两种方法。

1）直接在单元格中输入函数，与输入公式的方法一样。

2）利用"公式"选项卡下的"插入函数"命令，步骤如下。

● 选择要插入函数的单元格。

● 选择"公式"→"函数库"组，单击"插入函数"按钮，打开"插入函数"对话框，如图 4-40 所示。

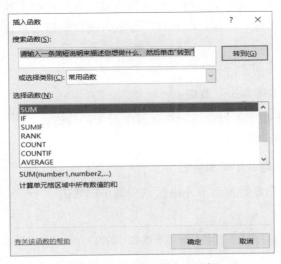

图 4-40　"插入函数"对话框

● 选择需要使用的函数，并在"函数参数"对话框中设置相应参数即可，如图 4-41 所示。

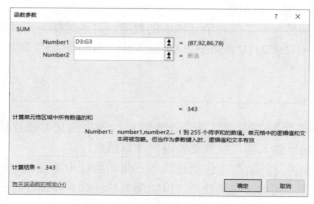

图 4-41 "函数参数"对话框

3. 常用函数

1）SUM 函数（求和函数），格式如下。

SUM（数据 1，数据 2，…，数据 n）

SUM 函数是 Excel 中最常用的函数，可以计算指定参数列出的数据总和，常用于计算总成绩、总产量、总人数等。

2）AVERAGE 函数（求平均值函数），格式如下。

AVERAGE（数据 1，数据 2，…，数据 n）

AVERAGE 函数用来计算数据的平均值，常用于计算平均成绩、平均收入、平均销售值等。

3）COUNT 函数（计数函数），格式如下。

COUNT（数据 1，数据 2，…，数据 n）

COUNT 函数用来计算指定参数列表中含数值型数据的参数个数，常用于统计指定单元格区域中含数值单元的个数。注意：COUNT 函数只统计数值型数据，文本、逻辑值、错误信息、空单元格不统计。

4）MAX 函数，格式如下。

MAX（数据 1，数据 2，…，数据 n）

MAX 函数用来求出指定数据或单元格区域中最大的数值。

5）MIN 函数，格式如下。

MIN（数据 1，数据 2，…，数据 n）

MIN 函数用来求出指定数据或单元格区域中最小的数值。

6）IF 函数，格式如下。

IF（指定条件，条件成立时的值，条件不成立时的值）

IF 函数用来根据所选单元格的值是否满足条件来得到相应的值。

7）SUMIF 函数（有条件求和函数），格式如下。

SUMIF（指定的条件区域，指定条件，求和区域）

SUMIF 函数常用于对指定单元格区域进行有条件的求和。

8）COUNTIF 函数（有条件计数函数），格式如下。

COUNTIF（指定的条件区域，指定条件）

COUNTIF 函数用于对指定的单元格区域进行有条件的计数。

9）RANK 函数，格式如下。

RANK（指定单元格，指定单元格所处序列，降序/升序）

RANK 函数用来返回某数值在一系列数值中的排列名次。

10）VLOOKUP 函数（查询函数），格式如下。

VLOOKUP（查找值，查找区域，返回值在查找区域的列数，匹配方式）

VLOOKUP 函数是按列查找，最终返回该列所需查询列序所对应的值。

【例 4-9】　从图 4-42 所示的学生成绩表中查找"刘珊珊"的计算机课程成绩。

学号	姓名	性别	高数	英语	写作	计算机
学生成绩表						
学号	姓名	性别	高数	英语	写作	计算机
0116001	陈敏华	女	87	92	86	78
0116002	李淑林	女	82	85	81	90
0116003	杨禾	女	76	66	75	82
0116004	张潇	男	93	88	92	95
0116005	程玲	女	72	75	88	68
0116006	刘珊珊	女	84	89	77	96
0116007	王子涵	男	92	72	89	91
0116008	宋辉	男	68	83	65	80
0116009	王思竹	女	73	62	68	70
0116010	任立新	男	77	96	95	85
	姓名	计算机				
	=VLOOKUP(B8,B3:G12,6)					

图 4-42　学生成绩表

在 B16 单元格中输入"=B8"，按〈Enter〉键后，则引用 B8 单元的值"刘珊珊"，在 C16 单元格中输入"=VLOOKUP(B8, B3:G12 ,6)"，按〈Enter〉键后即可查到"刘珊珊"的 计算机课程成绩。VLOOKUP(B8, B3:G12 ,6)中的"B8"是要查找的值，"B3:G12"是查找区域，"6"是返回值即计算机成绩所在的列号（从 B 列开始算起的第 6 列）。

4.4　Excel 图表

在 Excel 中，可以用图表将数据更直观地表示出来。通过将选定的工作表数据制成条形图、柱形图或饼图等形式的图表，可以使数据更清晰、易于理解，并能帮助用户分析和比较数据。

![任务描述]

利用图 4-43 所示的表格数据制作一个如图 4-44 所示的柱形图，熟悉图表的类型和构成部分，熟练掌握最基本的图表制作方法。

图书类型	一季度	二季度	三季度	四季度
艺术类	32	40	28	39
计算机类	67	62	50	75
文学类	82	90	72	54
经济类	54	72	45	60
合计	235	264	195	228

图书销售统计表（万本）

图 4-43　图书销售统计表

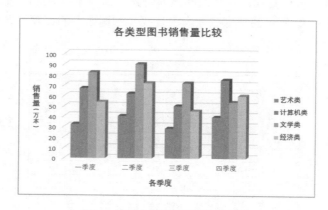

图 4-44　图书销售统计表柱形图

![任务分析]

在上述制作的图表中，主要用到了如下功能。
☑ 创建图表
☑ 添加图表元素
☑ 设置图表元素的格式

![操作步骤]

1）在"图书销售统计表"中，选中单元格区域 B3:F7，选择"插入"选项卡，在"图表"组中单击"插入柱形图或条形图"（见图 4-45），在弹出的下拉菜单中（见图 4-46）选择"三维柱形图"的第一个样式"三维簇状柱形图"，Excel 将自动生成如图 4-47 所示的图表。

图 4-45　"图表"组的各选项按钮　　　　图 4-46　"柱形图"样式

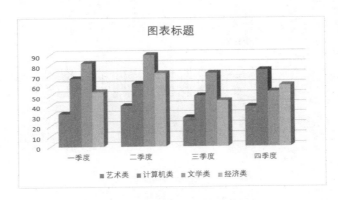

图 4-47　Excel 自动生成的图表

2）坐标轴标题设置。

● 选择"图表工具"→"设计"→"图表布局"组，单击"添加图表元素"选
项，如图 4-48 所示。

● 选择"坐标轴标题"选项，在图表中分别添加"主要横坐标轴标题"为"各季度"
和"主要纵坐标轴标题"为"销售量（万本）"。

● 选择"纵坐标轴标题"选项，再右击，在弹出的快
捷菜单中选择"设置坐标轴标题格式"→"标题选
项"选项，将"对齐方式"中的文字方向设置为
"竖排"。

3）单击图表上方的"图表标题"，并修改为"各类型图
书销售量比较"；右击图表下方的"图例"，在弹出的快捷菜
单中选择"设置图例格式"→"图例选项"选项，将图例位
置设置为"靠右"。

4）右击纵坐标轴，在弹出的快捷菜单中选择"设置坐
标轴格式"→"坐标轴选项"选项，将边界的最小值设置为
0，最大值设置为100，间隔单位最大设为10。

图 4-48　"添加图表元素"功能

主要知识点

4.4.1 图表的基本概念

1．图表类型

为了更准确地表达工作表中的数据，Excel 2016 提供了 15 个类别的图表，以满足各种数据的显示效果，常用的有柱形图、折线图、饼图、条形图、面积图等。选中需要制作图表的单元格区域，选择"插入"→"图表"组，单击"推荐的图表"按钮，出现如图 4-49 所示的"插入图表"对话框，在"所有图表"选项卡中显示了 15 类图表的缩略图以供选择。

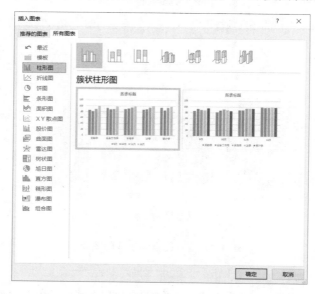

图 4-49　"插入图表"对话框

2．图表的构成

图表主要由图表标题、绘图区、数据系列、图例、坐标轴及坐标轴标题等组成，如图 4-50 所示。

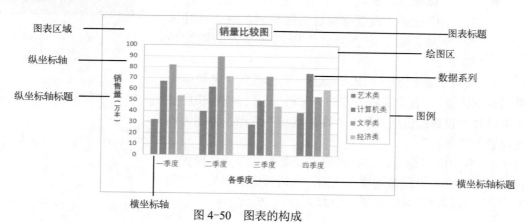

图 4-50　图表的构成

（1）图表标题

图表标题即图表名称，一般用来说明图表想要反应的数据。

（2）绘图区

绘图区是以坐标轴为界的区域，工作表中的数据信息都将按设定好的图表类型显示在绘图区中。

（3）数据系列

一个数据系列对应工作表中选定区域的一行或一列数据。数据系列中每一种图形对应一组数据，且呈现统一的颜色或图案，在横坐标轴上每一个分类都对应着一个或多个数据，并以此构成数据系列。

（4）图例

图例用于显示图表中相应的数据系列的名称和数据系列在图中的颜色。

（5）纵坐标轴

纵坐标轴是指图表中垂直方向的 Y 轴。默认情况下，纵坐标轴上的刻度范围介于数据系列中所有数据的最大值和最小值之间。

（6）横坐标轴

横坐标轴是指图表中水平方向的 X 轴，它用来表示图表中需要比较的各个对象。

（7）轴标题

创建图表时为了使图表的内容更加清晰，还可以为坐标添加标题，轴标题分为横坐标轴标题和纵坐标轴标题。

4.4.2　图表的创建

创建图表主要利用"插入"选项卡下的"图表"命令组完成。创建图表的具体创建步骤如下。

1）选定需要制作图表的数据区域，从"插入"→"图表"组中选择所需创建的图表类型，然后单击要使用的图表子类型，Excel 将自动生成相应的图表。

2）单击图表，功能区会出现"图表工具"选项卡，利用其下的"设计"和"格式"选项卡可以完成图表图形颜色、图表位置、图表标题、图例位置等的设计和布局及颜色的填充等格式设计，如图 4-51 所示。

图 4-51　"图表工具"选项卡

4.4.3　图表的编辑与修改

在工作中有时需要对图表进行编辑和修改，以更好地反映分析统计的数据。

1. "图表工具|设计"选项卡

当选定图表后，选择"图表工具|设计"选项卡，如图 4-52 所示。

- 在"图表布局"组中，可以添加图表元素、选择所需要的布局方式进行快速布局。
- 在"图表样式"组中，可以选择适合表现的样式等。
- 在"数据"组中，可以"切换行/列"的数据，"选择数据"的更改。
- 在"类型"组中，可以更改图表的类型。
- 在"移动图表"组中，可以选择放置图表的位置。

图 4-52　"设计"选项卡

2．"图表工具|格式"选项卡

"图表工具|格式"选项卡主要用来格式化绘图区，如图 4-53 所示。绘图区的图案随图表类型不同而不同，包括线条颜色、粗细、线条样式、区域填充颜色、填充效果等。不仅对整个绘图区进行设置，还可以对绘图区的某一个元素（如饼图中的一块饼）进行单独的设置。对于图表中的一些元素，如图表标题、坐标轴等，也可以对它们进行格式设置。

图 4-53　"图表工具|格式"选项卡

3．用"快捷菜单"进行编辑、修改

选中需要修改的地方并右击，在弹出的快捷菜单中选择需要的命令。例如，要修改"绘图区"的格式，只需选定绘图区后右击，弹出如图 4-54 所示的快捷菜单，选择"设置绘图区格式"命令，随即打开了"设置绘图区格式"对话框，如图 4-55 所示，即可对绘图区进行相应设置了。

图 4-54　"绘图区"快捷菜单　　　　图 4-55　"设置绘图区格式"对话框

4.4.4　迷你图

迷你图是工作表单元格中的一个微型图表，使用迷你图可以直观地显示数值系列中的趋势，且只需占用少量的空间。

在图 4-43 所示的表中插入迷你图的操作如下。

1）在表中建立“销售量趋势图”区域 G4:G8，如图 4-56 所示。

2）选择 G4 单元格，选择“插入”→“迷你图”组，单击“折线”按钮，打开“创建迷你图”对话框，如图 4-57 所示。

图书类型	一季度	二季度	三季度	四季度	销售量趋势图
艺术类	32	40	28	39	
计算机类	67	62	50	75	
文学类	82	90	72	54	
经济类	54	72	45	60	
合计	235	264	195	228	

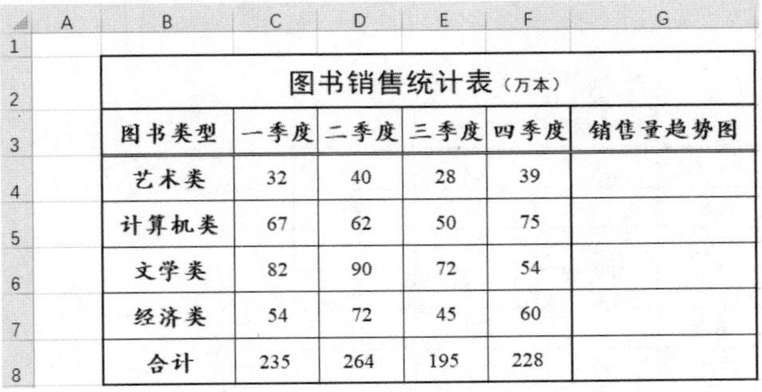

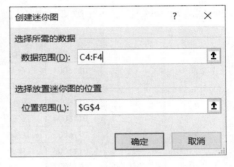

图 4-56　插入迷你图区域

图 4-57　“创建迷你图”对话框

3）在对话框中的“数据范围”下拉列表中选择图表数据区域 C4:F4；选择放置迷你图的位置范围 G4 单元格，单击“确定”按钮，G4 单元格中随即显示出艺术类图书四个季度销售量趋势图。

4）切换到“迷你图工具|设计”选项卡，在“显示”组中设置相关标记点（此例设置为“标记”）。

5）向下拖动 G4 单元格的填充柄至 G8 单元格，将在 G5、G6、G7、G8 单元格中显示出其他类型图书四个季度的销售量趋势图，如图 4-58 所示。

图书类型	一季度	二季度	三季度	四季度	销售量趋势图
艺术类	32	40	28	39	
计算机类	67	62	50	75	
文学类	82	90	72	54	
经济类	54	72	45	60	
合计	235	264	195	228	

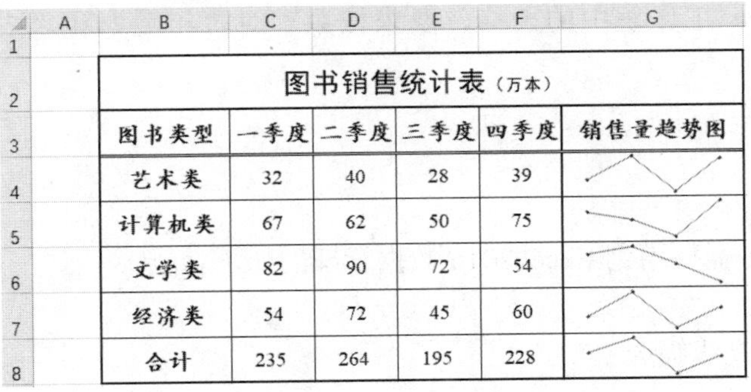

图 4-58　完成的“销售量趋势”迷你图

4.5　Excel 的数据管理

在 Excel 中除了利用公式或函数进行计算以外，有时还需要对大量以数据清单形式存放的工作表进行分析处理，如排序、筛选、分类汇总等。

数据清单是指包含一组相关数据的一系列工作表数据行，由标题行（表头）和数据部分组成。Excel 允许采用数据库管理的方式管理数据清单。数据清单中的列相当于数据库中的字段，列标题相当于字段名；数据清单中的每一行则对应数据库中的一条记录。

任务描述

创建一个 Excel 工作簿文件，表格数据如图 4-59 所示。将此表格分别复制到 Sheet2、Sheet3、Sheet4 中，并完成如下操作。

	A	B	C	D	E	F
1	学号	姓名	系部	性别	年龄	成绩
2	0116001	陈敏华	计算机	女	19	78
3	0116002	李淑林	金融	女	18	90
4	0116003	杨禾	金融	女	19	82
5	0116004	张潇	文化传播	男	19	95
6	0116005	程玲	计算机	女	20	68
7	0116006	刘珊珊	英语	女	18	96
8	0116007	王子涵	文化传播	男	18	91
9	0116008	宋辉	文化传播	男	19	80
10	0116009	王思竹	计算机	女	19	70
11	0116010	任立欣	文化传播	女	20	85

图 4-59 《计算机应用基础》课程成绩表

1）使用 Sheet2 工作表中的表格，以“成绩”为关键字，以“递减”（从高到低）方式排序。

2）使用 Sheet3 工作表中的表格，筛选出“成绩”大于等于 90 分的女学生，筛选结果放在该表格的下方。

3）使用 Sheet4 工作表中的表格，要求按系部对“年龄”和“成绩”的平均值分类汇总。

任务分析

要完成上述任务需要用到 Excel 2016 数据管理的如下功能。

☑ 数据排序

☑ 自动筛选和高级筛选

☑ 分类汇总

操作步骤

（1）排序操作

使用 Sheet2 中的表格，选中要进行排序“成绩”字段列的任意单元格（如 F2），选择

"数据"→"排序和筛选"组，单击"降序"按钮 ，即按照"成绩"字段从高到低排序，如图 4-60 所示。

	A	B	C	D	E	F
1	学号	姓名	系部	性别	年龄	成绩
2	0116006	刘珊珊	英语	女	18	96
3	0116004	张潇	文化传播	男	19	95
4	0116007	王子涵	文化传播	男	18	91
5	0116002	李淑林	金融	女	18	90
6	0116010	任立欣	文化传播	女	20	85
7	0116003	杨禾	金融	女	19	82
8	0116008	宋辉	文化传播	男	19	80
9	0116001	陈敏华	计算机	女	19	78
10	0116009	王思竹	计算机	女	19	70
11	0116005	程玲	计算机	女	20	68

图 4-60　按照"成绩"字段排序后的表格

（2）筛选操作

使用 Sheet3 中的表格。

1）确定条件区域，可以在数据表之外的任意单元格区域确定。本例选择 H3:I4 单元格范围，并输入条件，如图 4-61 所示。

2）选择"数据"→"排序和筛选"组，单击"高级"按钮，打开"高级筛选"对话框，如图 4-62 所示。

成绩	性别
>=90	女

图 4-61　筛选条件设置　　　　　图 4-62　"高级筛选"对话框

3）在对话框中选中"将筛选结果复制到其他位置"单选按钮。

4）在"列表区域"中输入整个数据表的单元格范围"A1:F11"。

5）在"条件区域"中输入已经建立条件的单元格范围"H3:I4"。

6）在"复制到"中输入筛选后结果存放的区域"A15"（注：筛选结果存放的区域，选择时可以只选择生成表格的左上角单元格）。

7）单击"确定"按钮，得到筛选的结果，如图 4-63 所示。

（3）分类汇总操作

使用 Sheet4 中的表格。

1）首先按照分类字段排序，即按照"系部"字段排序。选中"系部"列的任意一个单元格（如 C2），选择"数据"→"排序和筛选"组，单击"升序"或"降序"按钮。

2）选择"数据"→"分级显示"组，单击"分类汇总"按钮，打开"分类汇总"对话框，如图 4-64 所示。

	A	B	C	D	E	F	G	H	I
1	学号	姓名	系部	性别	年龄	成绩			
2	0116006	刘珊珊	英语	女	18	96			
3	0116004	张潇	文化传播	男	19	95		成绩	性别
4	0116007	王子涵	文化传播	男	18	91		>=90	女
5	0116002	李淑林	金融	女	18	90			
6	0116010	任立欣	文化传播	女	20	85			
7	0116003	杨禾	金融	女	19	82			
8	0116008	宋辉	文化传播	男	19	80			
9	0116001	陈敏华	计算机	女	19	78			
10	0116009	王思竹	计算机	女	19	70			
11	0116005	程玲	计算机	女	20	68			
12									
13									
14									
15	学号	姓名	系部	性别	年龄	成绩			
16	0116006	刘珊珊	英语	女	18	96			
17	0116002	李淑林	金融	女	18	90			

图 4-63　高级筛选后的表格

图 4-64　"分类汇总"对话框

3）在"分类汇总"对话框中，"分类字段"选择"系部"，"汇总方式"选择"平均值"，"选定汇总项"为"年龄"和"成绩"。

4）选中"汇总结果显示在数据下方"复选框。

5）单击"确定"按钮即可得到分类汇总的结果，如图 4-65 所示。

	A	B	C	D	E	F
1	学号	姓名	系部	性别	年龄	成绩
2	0116001	陈敏华	计算机	女	19	78
3	0116005	程玲	计算机	女	20	68
4	0116009	王思竹	计算机	女	19	70
5			计算机 平均值		19.33	72
6	0116002	李淑林	金融	女	18	90
7	0116003	杨禾	金融	女	19	82
8			金融 平均值		18.5	86
9	0116004	张潇	文化传播	男	19	95
10	0116007	王子涵	文化传播	男	18	91
11	0116008	宋辉	文化传播	男	19	80
12	0116010	任立欣	文化传播	女	20	85
13			文化传播 平均值		19	87.75
14	0116006	刘珊珊	英语	女	18	96
15			英语 平均值		18	96
16			总计平均值		18.9	83.5

隐藏分类汇总明细按钮

图 4-65　分类汇总后的表格

6）若单击数据表格左侧的"隐藏分类汇总明细"按钮，将得到如图 4-66 所示的表格。

	学号	姓名	系部	性别	年龄	成绩
1						
5			计算机 平均值		19.33	72
8			金融 平均值		18.5	86
13			文化传播 平均值		19	87.75
15			英语 平均值		18	96
16			总计平均值		18.9	83.5

图 4-66　隐藏分类汇总明细后的表格

 主要知识点

4.5.1　数据排序

工作表中数据记录的排列可能是无序的，而实际应用中，往往希望数据按照一定的顺序排列，以便于查询和分析。因此，数据记录的排序是数据重新组织的一种常用方法。在 Excel 中，既可以按一个关键字字段进行排序，也可以按多个字段排序。

1．简单排序

简单排序是指在工作表中以一列单元格中的数据为依据，对工作表中的所有数据进行排序。首先单击该列数据中的任一单元格，然后选择"数据"→"排序和筛选"组，单击"升序"或"降序"按钮，如图 4-67 所示。

图 4-67　排序按钮

提示：不能只将某列全选中，否则，排序的列将与整个数据清单不相符。

2．多重排序

如果排序的字段中有相同数据时，简单的排序方法便不能满足要求，此时可对多列数据进行设置。即某列数据中有相同值时，可根据另一列的数据进行排序。

例如，按照如图 4-59 所示的表格中的"年龄"字段排序，若年龄值相同时，则按照"成绩"字段排序，具体操作步骤如下。

1）单击单元格区域"A1:F11"中的任一单元格。

2）选择"数据"→"排序和筛选"组，单击"排序"按钮，即打开"排序"对话框，如图 4-68 所示，设"主要关键字"为"年龄"降序排列，单击"添加条件"按钮，添加

"次要关键字"为"成绩"降序排列，排序结果如图 4-69 所示。

图 4-68 "排序"对话框

	A	B	C	D	E	F
1	学号	姓名	系部	性别	年龄	成绩
2	0116010	任立欣	文化传播	女	20	85
3	0116005	程玲	计算机	女	20	68
4	0116004	张潇	文化传播	男	19	95
5	0116003	杨禾	金融	女	19	82
6	0116008	宋辉	文化传播	男	19	80
7	0116001	陈敏华	计算机	女	19	78
8	0116009	王思竹	计算机	女	19	70
9	0116006	刘珊珊	英语	女	18	96
10	0116007	王子涵	文化传播	男	18	91
11	0116002	李淑林	金融	女	18	90

图 4-69 多重排序后的表格

4.5.2 数据筛选

数据筛选是在工作表的数据清单中快速查找满足特定条件的记录。筛选后数据清单中只显示符合筛选条件的记录，而将其他记录从视图中隐藏起来。用户可以使用自动筛选或高级筛选两种方法来显示所需的数据。

1. 自动筛选

自动筛选是一种快速的筛选方法。自动筛选不重排顺序，只是将不符合条件的记录隐藏起来。

例如，对如图 4-59 所示的数据进行自动筛选，筛选出成绩大于等于 90 分的学生记录，具体操作步骤如下。

1）在图 4-59 所示的数据清单中任选一个单元格（如 B2），选择"数据"→"排序和筛选"组，单击"筛选"按钮，此时数据清单中的每一个字段名右下角都增加了一个下拉按钮，如图 4-70 所示。

学号	姓名	系部	性别	年龄	成绩
0116001	陈敏华	计算机	女	19	78

图 4-70　字段名右下端的下拉按钮

2）单击"成绩"字段右侧的下拉按钮，可以打开"自定义自动筛选方式"对话框，如图 4-71 所示。设置成绩"大于或等于"90，单击"确定"按钮，即显示筛选后的结果，如图 4-72 所示。

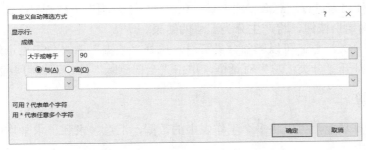

图 4-71　"自定义自动筛选方式"对话框

学号	姓名	系部	性别	年龄	成绩
0116002	李淑林	金融	女	18	90
0116004	张潇	文化传播	男	19	95
0116006	刘珊珊	英语	女	18	96
0116007	王子涵	文化传播	男	18	91

图 4-72　自动筛选的结果

再次选择"数据"→"排序和筛选"组，单击"筛选"按钮，即可取消自动筛选功能。

2．高级筛选

高级筛选一般用于条件比较复杂的筛选操作，筛选的结果可显示在原数据表中，不符合条件的记录被隐藏起来；也可以显示在新的位置，这样更加便于进行数据的比对。

使用高级筛选前必须先输入条件区域，条件区域的第一行是所有筛选条件的字段名，这些字段名必须与数据清单中的字段名完全一致。如果两个条件是"与"的关系，则筛选条件放在同一行；如果两个条件是"或"的关系，则筛选条件放在不同行，如图 4-73 所示。

性别	成绩
女	>=90

条件"与"的关系

性别	成绩
女	
	>=90

条件"或"的关系

图 4-73　筛选条件时的不同关系

4.5.3　分类汇总

分类汇总是将数据列表中的数据先依据一定的标准分组，然后对同组数据应用分类汇总函数得到相应行的统计或计算结果。在执行分类汇总的命令前，必须先对数据清单进行排序操作。

创建分类汇总的操作步骤如下。

1）对需要分类汇总的字段进行排序。

2）在数据清单中选择任意一个单元格，选择"数据"→"分级显示"组，单击"分类汇总"按钮，打开"分类汇总"对话框。

3）在"分类字段"下拉列表中，选择分类汇总字段（已排序的字段）；在"汇总方式"下拉列表中，选择用来进行汇总数据的方式；在"选定汇总项"下拉列表中选择相应的列。

4）单击"确定"按钮，将产生分类汇总的结果。

如果要取消分类汇总，可以删除分类汇总。选择"数据"→"分级显示"组，单击"分类汇总"按钮，打开"分类汇总"对话框，单击"全部删除"按钮，即可取消分类汇总。

4.5.4 合并计算

利用合并计算功能，可以将多个工作表中的数据，汇总（求和、求平均值、计数等）到一个新的工作表中。

【例4-10】 图4-74中的成绩表1是学生第1学期的英语成绩，图4-75中的成绩表2是第2学期同一批学生的英语成绩，两张表的结构相同，现在利用两表合并计算出每个人两学期的英语成绩的平均值，并放在"合计"工作表中，具体步骤如下。

	A	B	C	D	E
1	学号	姓名	系部	性别	英语
2	0116001	陈敏华	计算机	女	78
3	0116002	李淑林	金融	女	90
4	0116003	杨禾	金融	女	82
5	0116004	张潇	文化传播	男	95
6	0116005	程玲	计算机	女	68

图 4-74　第 1 学期英语成绩表

	A	B	C	D	E
1	学号	姓名	系部	性别	英语
2	0116001	陈敏华	计算机	女	82
3	0116002	李淑林	金融	女	93
4	0116003	杨禾	金融	女	80
5	0116004	张潇	文化传播	男	93
6	0116005	程玲	计算机	女	72

图 4-75　第 2 学期英语成绩表

1）选择存放合并计算结果的单元格区域，如图4-76所示（"合计"表中的 E2:E6）。

	A	B	C	D	E
1	学号	姓名	系部	性别	英语
2	0116001	陈敏华	计算机	女	
3	0116002	李淑林	金融	女	
4	0116003	杨禾	金融	女	
5	0116004	张潇	文化传播	男	
6	0116005	程玲	计算机	女	

图 4-76　"合并计算"的结果区域

2）选择"数据"→"数据工具"组，单击"合并计算"按钮，打开"合并计算"对话框，如图 4-77 所示。

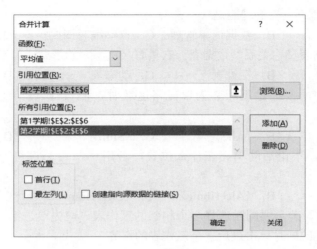

图 4-77　"合并计算"对话框

3）选择"函数"为"平均值"。在"引用位置"文本框中，引用"成绩表 1"中的区域 E2:E6（单击文本框右侧的"折叠"按钮 ，选择"成绩表 1"中的 E2:E6 单元格区域后，再单击"折叠"按钮返回"合并计算"对话框），单击"添加"按钮，即添加到"所有引用位置"中。

4）用同样的操作将"成绩表 2"中的区域添加到"所有引用位置"列表中。

5）单击"确定"按钮，即可得到合并计算的结果，如图 4-78 所示。

	A	B	C	D	E
1	学号	姓名	系部	性别	英语
2	0116001	陈敏华	计算机	女	80
3	0116002	李淑林	金融	女	91.5
4	0116003	杨禾	金融	女	81
5	0116004	张潇	文化传播	男	94
6	0116005	程玲	计算机	女	70
7					
8					

第1学期　第2学期　合计

图 4-78　合并计算后的结果

4.6　习题

一、选择题

1. Excel 文件被称为（　　）文件。

　　A．工作表　　　　B．工作簿　　　　C．数据清单　　　　D．数据图表

2．Excel 2016 工作簿文件的扩展名为（　　　）。

 A．XLSX   B．DOCX   C．XLS   D．DOC

3．在 Excel 中所不具有的功能是（　　　）。

 A．图表   B．数据清单管理 C．自动编写摘要 D．统计运算

4．Excel 的数据表又称关系型数据表，它具有（　　　）的形式。

 A．二维表 B．三维表 C．动态表   D．图表

5．在 Excel 中，要选定不相邻的单元格区域时，应按住（　　　）键，再依次单击相应的单元格。

 A．〈Ctrl〉 B．〈Alt〉 C．〈Shift〉 D．〈Esc〉

6．在 Excel 中，不论活动单元在什么位置，若用（　　　）键可使 A1 单元格成为当前单元格。

 A．〈Home〉 B．〈Alt+Home〉 C．〈Ctrl+Home〉 D．〈Shift+Home〉

7．在 Excel 中，若需要同时选择多个相邻的工作表，应先单击第一个工作表标签，然后在按住（　　　）键的同时单击最后一个工作表的标签。

 A．〈Tab〉 B．〈Alt〉 C．〈Shift〉 D．〈Ctrl〉

8．若在 Excel 工作表的单元格中需要输入字符形式的数字，如职工号 00321 时，正确的方法是（　　　）。

 A．00321 B．"00321" C．'00321 D．00321'

9．在 Excel 中，某个单元格设定其数字格式为整数（小数位数为 0），当输入"66.53"时，则显示为（　　　）。

 A．66.53 B．67   C．66   D．ERROR

10．在 Excel 工作表的某个单元格中输入"=60>65"，则显示的结果是（　　　）。

 A．False B．True C．5   D．6

11．若在 Excel 工作表的某个单元格中输入"=8^2"，则显示的结果是（　　　）。

 A．16   B．64   C．=8^2   D．8^2

12．在 Excel 中，不符合日期格式输入是（　　　）。

 A．'10-01-2012'   B．01-OCT-2012

 C．2012/10/01   D．2012-10-01

13．在单元格中输入数字 125 后按〈Enter〉键，则单元格默认的对齐方式为（　　　）。

 A．左对齐 B．右对齐 C．居中对齐 D．随机

14．在 Excel 中，A5 单元格的内容是"A5"，拖动填充柄至 C5，则 B5、C5 单元格的内容分别为（　　　）。

 A．B5　C5 B．B6　C7 C．A6　A7 D．A5　A5

15．下列序列中，不能直接利用自动填充快速输入的是（　　　）。

 A．星期一、星期二、星期三、… B．一列、二列、三列、…

 C．甲、乙、丙、…   D．Mon、Tue、Wed、…

16．在 Excel 中，若在某单元格中输入（　　　），则其显示数值"1.2"。

 A．2*0.6 B．"2*0.6" C．="2*0.6" D．=2*0.6

17．在 Excel 中，若对 C2:C4、C7 和 D6:D8 若干单元格中的数值求和，应当使用

（　　）所示的公式或函数。

    A．C2+C3+C4+C7+D6+D7+D8　　　　　B．=C2:C4,C7,D6:D7

    C．=SUM(C2:C4,C7,D6:D8)　　　　　D．SUM(C2:C4,C7,D6:D8)

18．在 Excel 工作表中，（　　）是正确的公式输入方式。

    A．A1*D2+100　　　B．A1+A8　　　C．SUM(A1:D1)　　　D．=1.57*Sheet2!B2

19．当向 Excel 工作表的单元格中输入公式时，使用单元格地址 D$2 引用 D 列 2 行单元格，该单元格的引用称为（　　）。

    A．交叉地址引用　　　　　　　　　　B．混合地址引用

    C．相对地址引用　　　　　　　　　　D．绝对地址引用

20．在 Excel 中，不能实现在第 n 行之前插入一行操作的是（　　）。

    A．选定第 n 行的某单元格并右击，在弹出的快捷菜单中选择"插入"→"整行"命令

    B．选择第 n 行并右击，在弹出的快捷菜单中选择"插入"命令

    C．选择第 n 行，选择"开始"→"单元格"→"格式"按钮

    D．选择第 n 行，选择"开始"→"单元格"→"插入"按钮

21．Excel 工作表中数据如下所示，如果在 D1 单元格输入公式"=A1+B2"，再把 D1 单元格的公式复制到 D3 单元格，那么 D1、D3 单元格结果将分别是（　　）。

	A	B	C	D
1	10	5	1	=A1+B2
2	20	6	2	
3	30	7	3	=?
4				

    A．16，16　　　　　　　　　　　　　B．16，27

    C．16，30　　　　　　　　　　　　　D．=A1+B2，=A2+B3

22．在 Excel 中，在打印学生成绩单时，对不及格的成绩用醒目的方式表示（如用红色表示等），当要处理大量的学生成绩时，利用（　　）命令最为方便。

    A．查找　　　　　B．条件格式　　　　　C．数据筛选　　　　　D．定位

23．在 Excel 工作表中已输入的数据如下所示，若将 D1 单元格中的公式复制到 B1 单元格中，则 B1 单元格的值为（　　）。

	A	B	C	D
1	10		30	=$C$1+$C$2
2	20		50	
3				

    A．30　　　　　　B．40　　　　　　　C．70　　　　　　　D．80

24．图表是与生成它的工作表数据相连接的，因此，在工作表数据发生变化时，图表会（　　）。

    A．自动更新　　　B．自动断开连接　　　C．数据保持不变　　　D．随时间变化

25．Excel 在排序时，（　　）。

    A．只按主关键字排序，其他不变

    B．首先按主关键字排序，主关键字相同时按次关键字排序，以此类推

    C．按主要、次要、第三关键字的组合排序

D. 按主要、次要、第三关键字中的数据项排序

26. Excel 的筛选功能包括（　　　）和高级筛选。

    A. 直接筛选　　　　B. 自动筛选　　　　　C. 简单筛选　　　　D. 间接筛选

27. 使用高级筛选时需要输入筛选条件，"与"关系的条件（　　　）。

    A. 必须出现在同一行上

    B. 不能出现在同一行上

    C. 可以出现在同一行上，也可以不出现在同一行上

    D. 没有具体规定

28. 在 Excel 中，对数据分类汇总前，要先进行（　　　）。

    A. 筛选　　　　　　　　　　　　　　　B. 计算

    C. 按任意列排序　　　　　　　　　　　D. 按分类列排序

29. 在 Excel 中，下面关于分类汇总的叙述中错误的是（　　　）。

    A. 汇总方式只能是求和

    B. 分类汇总前必须按关键字段排序

    C. 分类汇总的关键字段只能是一个字段

    D. 分类汇总可以被删除，但删除汇总后排序操作不能撤销

二、上机练习题

1. 格式设置与公式函数应用 1。

1）数据输入。创建一个新 Excel 工作簿文件并保存，按图 4-79 所示输入相关数据。

	A	B	C	D	E	F	G	H	I
1	计算机应用基础课程成绩表								
2	学号	姓名	性别	系部	平时成绩	笔试成绩	上机成绩	总评成绩	等级
3					20%	30%	50%		
4	01908001	李旭彬	男	金融	85	80	78		
5	01906032	郑浩	男	经济管理	88	82	85		
6	01901012	陈洁杉	女	学前教育	90	84	90		
7	01911007	刘珍珍	女	社会学	92	90	95		
8	01908024	王海波	男	金融	90	88	80		
9	01908019	丁永佳	男	金融	82	76	72		
10	01901033	舒畅	女	学前教育	86	81	90		
11	01906017	施雷	男	经济管理	80	75	78		

图 4-79　数据输入练习

2）设置格式，如图 4-80 所示。

	A	B	C	D	E	F	G	H	I
1	计算机应用基础课程成绩表								
2	学号	姓名	性别	系部	平时成绩	笔试成绩	上机成绩	总评成绩	等级
3					20%	30%	50%		
4	01908001	李旭彬	男	金融	85	80	78		
5	01906032	郑浩	男	经济管理	88	82	85		
6	01901012	陈洁杉	女	学前教育	90	84	90		
7	01911007	刘珍珍	女	社会学	92	90	95		
8	01908024	王海波	男	金融	90	88	80		
9	01908019	丁永佳	男	金融	82	76	72		
10	01901033	舒畅	女	学前教育	86	81	90		
11	01906017	施雷	男	经济管理	80	75	78		

图 4-80　格式设置

● 表头：合并单元格区域 A1:I1，设置填充颜色为“蓝色，个性色 1，淡色 60%”，字体为 16 号黑体。其他可按图自行设置。

● 按图添加表格的边框。

3）公式及函数计算。

● 总评成绩=平时成绩×20%+笔试成绩×30%+上机成绩×50%。

● 根据“总评成绩”填入“等级”。

等级标准如下：当“总评成绩”>=90 时，等级为“优秀”；当 90>“总评成绩”>=60 时，等级为“合格”；当“总评成绩”<60 时，等级为“不合格”。

2．格式设置与公式函数应用 2。

1）数据输入及格式设置。创建一个新 Excel 工作簿文件并保存，按图 4-81 所示输入数据并进行格式设置。

	A	B	C	D	E	F	G	H	I	J
1	校园歌手大赛评分表									
2	选手编号	1号评委	2号评委	3号评委	4号评委	5号评委	最高分	最低分	最后得分	名次
3	1	8.3	8.6	9.0	8.1	8.5				
4	2	8.7	8.6	8.5	9.2	9.0				
5	3	9.1	9.0	8.6	8.8	8.8				
6	4	8.4	8.6	8.0	8.8	8.2				
7	5	9.0	8.8	8.9	8.9	8.5				
8	6	9.5	9.0	9.0	8.9	8.8				
9	7	8.2	8.7	8.9	8.4	8.3				
10	8	8.8	9.1	9.0	8.4	8.8				
11	9	8.6	8.9	8.9	9.0	8.5				
12	10	9.1	9.0	8.5	8.6	9.0				

图 4-81　校园歌手大赛评分表

2）公式及函数计算。

每位选手的最后得分为选手所得总分去除一个最高分和一个最低分后其余得分的平均值。然后根据最后得分给选手进行排名。

3．数据管理 1。

1）创建一个新 Excel 工作簿文件并保存，按图 4-82 所示输入数据并进行格式设置。

	A	B	C	D	E	F	G
1	某公司招聘成绩统计表						
2	序号	姓名	性别	应聘部门	笔试成绩	面试成绩	最终成绩
3	1	李海林	男	研发部	85	76	
4	2	王敏	女	市场部	75	84	
5	3	高立诚	男	市场部	86	81	
6	4	冯斌	男	销售部	90	69	
7	5	任薇薇	女	研发部	88	67	
8	6	张乐怡	女	市场部	79	80	
9	7	陈子睿	男	研发部	88	75	
10	8	赵子琪	女	销售部	74	77	
11	9	王晓玥	女	销售部	87	91	

图 4-82　某公司招聘成绩统计表

2）公式计算。

最终成绩=笔试成绩×60%+面试成绩×40%。

3）将做好的表格分别复制到 Sheet2、Sheet3、Sheet4 中，进行如下操作。

- 使用 Sheet2 中的表格，以“最终成绩”为关键字，以“递减”方式排序。
- 使用 Sheet3 中的表格，筛选出“最终成绩”大于等于 80 且小于等于 90 的女性应聘者。
- 使用 Sheet4 中的表格，要求运用分类汇总统计各应聘部门最终成绩的平均值。

4．数据管理 2。

1）创建一个新 Excel 工作簿文件并保存，按图 4-83 所示输入数据并进行格式设置。

	A	B	C	D	E	F	G
1	课时统计表						
2	工号	姓名	性别	年龄	职称	系部	课时
3	128001	赵思宇	男	45	副教授	计算机	80
4	122007	钱晨	男	37	讲师	金融	96
5	127015	杜林月	女	32	讲师	经济管理	72
6	122019	高建霖	男	50	教授	金融	64
7	128005	刘立诚	男	35	讲师	计算机	96
8	128006	李晓筠	女	30	助教	计算机	48
9	121003	杨帆	女	52	副教授	社会学	80
10	122028	李彬彬	男	29	助教	金融	48
11	128009	吴倾一	女	52	教授	计算机	64
12	121010	郑浩	男	49	副教授	社会学	72

图 4-83　课时统计表

2）将做好的表格分别复制到 Sheet2、Sheet3、Sheet4、Sheet5 中，进行如下操作。

- 在 Sheet2 中，以“课时”为主要关键字，“年龄”为次要关键字，以“递减”方式排序。
- 在 Sheet3 中，筛选出“课时”小于 64 的女教师，筛选结果放在该表格的下方。
- 在 Sheet4 中，筛选出“年龄”大于 40 或“职称”为教授的教师，筛选结果放在该表格的下方。
- 在 Sheet5 中，按系部对“年龄”和“课时”进行平均值分类汇总。

5．制作图表。

1）创建一个新 Excel 工作簿文件并保存，按图 4-84 所示输入数据并进行格式设置。

	A	B	C	D	E	F	G	H	I
1	某城市空气质量报表								
2	污染物 日期	细颗粒物 (ug/m^3)	可吸入颗粒物 (ug/m^3)	二氧化氮 (ug/m^3)	二氧化硫 (ug/m^3)	一氧化碳 (mg/m^3)	臭氧 (ug/m^3)	污染指数	质量级别
3	12月1日	18	27	17	6	0.6	72	141	
4	12月2日	12	22	14	5	0.4	42	95	
5	12月3日	27	39	21	12	0.9	92	192	
6	12月4日	10	25	12	6	0.5	80	134	
7	12月5日	11	19	10	5	0.7	27	73	
8	12月6日	18	21	15	5	0.5	64	124	
9	12月7日	25	42	18	9	0.8	126	221	
10	12月8日	8	12	7	4	0.5	16	48	
11	12月9日	20	32	12	7	1	82	154	
12	12月10日	10	17	10	5	0.6	52	95	
13	12月11日	17	30	19	8	0.8	92	167	
14	12月12日	9	15	10	5	0.7	20	60	
15	平均值	15.42	25.08	13.75	6.42	0.67	63.75	125.08	

图 4-84　某城市空气质量报表

2）根据污染指数获得空气质量级别。当污染指数小于 50（含）时，空气质量为"优"；当污染指数介于 50 和 100（含）之间时，空气质量为"良好"；当污染指数大于 100 时，空气质量为"污染"。

3）根据表中的数据，制作如图 4-85 所示的图表。

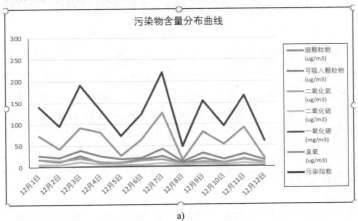

a)

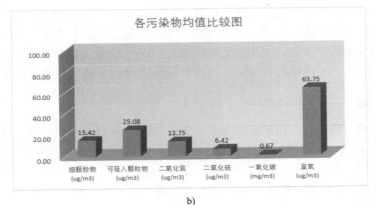

b)

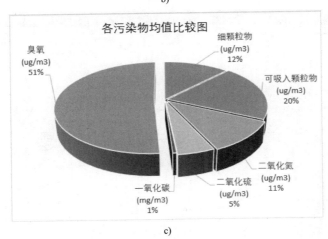

c)

图 4-85　图表样图

a) 折线图　b) 柱形图　c) 饼状图

第5章 演示文稿制作软件 PowerPoint 2016

在很多场合，想要图文并茂地展示作品，如作品演示、教师授课、产品介绍、广告宣传，往往借助演示文稿。使用 Microsoft Office 中的 PowerPoint 2016 可以快速地创建极具感染力的动态演示文稿，并能够通过计算机屏幕、投影仪、Internet 发布，为用户提供一种生动活泼、图文并茂的交流手段。本章将对如何制作 PowerPoint 演示文稿进行讲解，包括 PowerPoint 2016 的基本操作、幻灯片的编辑、幻灯片的修饰及幻灯片的放映等。

5.1 PowerPoint 2016 概述

PowerPoint 2016（以下简称为 PowerPoint）是 Microsoft Office 2016 的组件之一，是一款功能强大的文稿演示和幻灯片制作放映软件。PowerPoint 可以设计制作集文字、图形、图像、声音及视频剪辑等多媒体元素于一体的演示文稿，通过一幅幅色彩艳丽、动感十足的演示画面，生动形象地表述主题、阐明自己的观点。此外，它还可以用计算机配合大屏幕投影仪直接进行电子演示，可连接到打印机，直接打印输出，制作精美的宣传资料。

5.1.1 窗口组成

新建空白演示文稿以后，由于视图方式不同，窗口显示略有不同，图 5-1 显示了在普通视图下的窗口组成。它由快速访问工具栏、标题栏、功能区、大纲/幻灯片窗格、幻灯片窗格、状态栏、视图按钮、备注按钮、批注按钮等组成。其中功能区包含：开始、插入、设计、切换、动画、幻灯放映、审阅、视图和加载项。

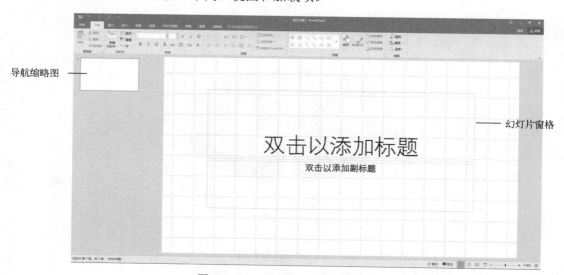

图 5-1 PowerPoint 2016 界面组成

5.1.2　视图方式

PowerPoint 有四种主要视图：普通、幻灯片浏览、阅读视图和幻灯片放映，默认为普通视图。通过单击"视图"→"演示文稿视图"组中的按钮，或 PowerPoint 窗口右下角的"视图"按钮 ，来完成视图方式的切换。

1．普通视图

普通视图是主要的编辑视图，可用于撰写或设计演示文稿。普通视图如图 5-2 所示，有四个工作区域。

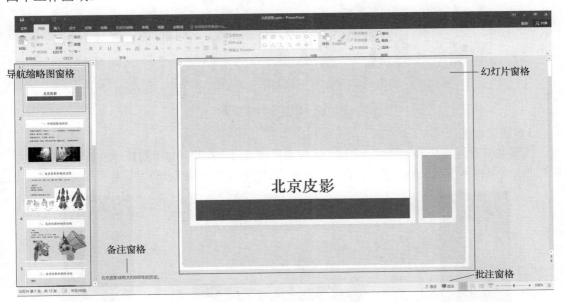

图 5-2　普通视图的工作区域

1）导航缩略图窗格：在编辑时以缩略图的形式在演示文稿中显示幻灯片。使用缩略图能方便地遍历演示文稿，并观看设计更改的效果，还可以重新排列、添加或删除幻灯片。

2）幻灯片窗格：显示当前幻灯片的大视图。在此视图中显示当前幻灯片时，可以添加文本，插入图片、表格、SmartArt 图形、图表、图形对象、文本框、电影、声音、超链接和动画。

3）备注窗格：可以输入应用于当前幻灯片的备注。备注信息可以在展示演示文稿时进行参考，也可以将这些备注打印为备注页，或将演示文稿保存为网页。

4）批注窗格：批注是对幻灯片进行的注释。当需要对幻灯片进行附加说明时，就可插入批注。当不再需要某条批注时，也可将其删除。

2．幻灯片浏览视图

幻灯片浏览视图是以缩略图形式显示幻灯片的视图，如图 5-3 所示。在幻灯片浏览视图中，用户可以添加、删除、复制和移动幻灯片，但不能对幻灯片进行修改。双击某个幻灯片可切换到普通视图。

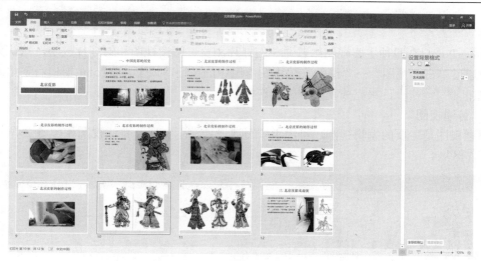

图5-3　幻灯片浏览视图

3．阅读视图

大多数查看没有演示者的演示文稿的人都希望使用阅读视图。与"幻灯片放映"视图相似，此视图会全屏显示演示文稿，且它包含一些简单的控件以便轻松翻阅幻灯片，如图5-4所示。

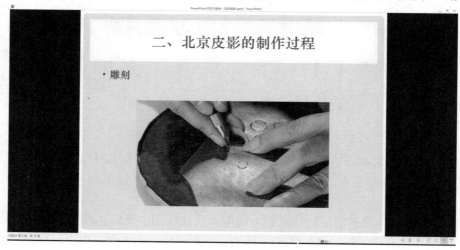

图5-4　阅读视图

4．幻灯片放映视图

幻灯片放映视图用于查看演示文稿的实际效果和排练演示文稿。在这种方式下，演示文稿以全屏方式运行，用户将看到实际演示效果，如图形、声音、计时、影片、动画的进入或退出效果，及幻灯片的切换效果等。单击可以放映下一张幻灯片；使用方向键，可以向前或向后放映幻灯片；按〈Esc〉键，可以退出放映视图。

5.1.3　基本术语

1．演示文稿

演示文稿即是 PowerPoint 的文件，也称为演示文件，在 PowerPoint 2016 中其默认扩展名为.pptx。演示文稿中除包括若干张幻灯片外，还包括演讲者备注、讲义和大纲等信息。制作一个演示文稿的过程实际上是依次制作一张张幻灯片的过程。

2．幻灯片

幻灯片是演示文稿的基本构成单位，演示文稿中的每一页叫作"幻灯片"。每张幻灯片可以拥有标题、文本、图形、绘制的对象、图像、声音、影片、动画、表格和图表等多种元素。

3．占位符

占位符是幻灯片中带有虚线或阴影线边缘的框，框内可以放置标题及正文，或图表、表格和图片等对象。

4．幻灯片版式

幻灯片版式是各种对象，如文本框、图片、表格、图表等在幻灯片中的布局。幻灯片版式包含要在幻灯片上显示的全部内容的格式设置、位置和占位符。

5．模板

模板是一种特殊文件，扩展名为.potx，它有一套预先定义好的颜色和文字特征，利用它可以快速制作幻灯片。PowerPoint 提供了上百种模板，每个模板都表达了某种风格和寓意，适用于某方面的演示内容。

6．幻灯片母版

幻灯片母版是幻灯片层次结构中的顶级幻灯片，它存储有关演示文稿主题和幻灯片版式的所有信息（包括背景、颜色、字体、效果、占位符大小及位置等）。

5.1.4　PowerPoint 2016 演示文稿转换为 Word 2016 文档

PowerPoint 演示文稿转换为 Word 文档的具体操作是：选择"文件"→"导出"→"创建讲义"命令，如图 5-5 所示，打开"发送到 Microsoft Office Word"对话框，如图 5-6 所示，设置 Word 使用的版式等选项，单击"确定"后，完成 PowerPoint 演示文稿到 Word 文档的转换。在"发送到 Microsoft Office Word"对话框中有如下选项。

图 5-5　"导出"级联菜单

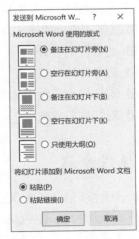

图 5-6　"发送到 Microsoft office Word"对话框

1）"Microsoft Office Word 使用的版式"选项组中有五个选项，每个选项旁边都有一个小缩略图，显示的是 PowerPoint 演示文稿转换成 Word 文档后的版式，用户可以根据需要进行选择。

2）"将幻灯片添加到 Microsoft office Word 文档"选项组中有两个选项。

● 粘贴：将幻灯片"嵌入"到 Word 文档中，以静态方式（固定）粘贴，即将原始的 PowerPoint 演示文稿中内容嵌入到 Word 文档中。

● 粘贴链接：将幻灯片链接到 Word 文档中，即在 PowerPoint 中编辑这些文稿时，也会在 Word 文档中进行相应的更新。

5.2 创建演示文稿

 任务描述

制作"诗词欣赏"演示文稿，从不同角度介绍诗词，完成后的效果如图 5-7 所示。

图 5-7 "诗词欣赏"演示文稿

任务分析

在上述制作中，分别用到了 PowerPoint 的如下功能。

☑ 幻灯片的编辑
☑ 幻灯片的设计
☑ 幻灯片的版式
☑ 幻灯片中各种对象的插入
☑ 幻灯片的放映

操作步骤

1）创建演示文稿并保存。启动 PowerPoint 程序窗口，单击空白演示文稿缩略图标，默认打开一个新的 PowerPoint 演示文稿，如图 5-8 所示。选择"文件"→"保存"→"这台电脑"→"桌面"命令，在随即打开的"另存为"对话框中选择演示文稿保存位置，保存名称为"诗词欣赏.pptx"。

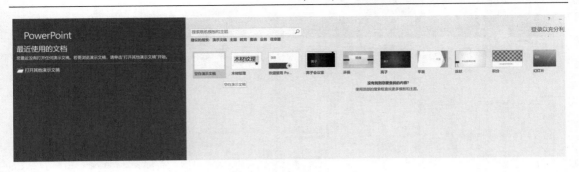

图 5-8 创建空白演示文稿

2）第一张幻灯片。在幻灯片中的"双击以添加标题"占位符处，输入标题"诗词欣赏"，并设置字体为"华文新魏"。

3）第二张幻灯片。新建一张幻灯片，单击"开始"→"幻灯片"→"新建幻灯片"的下拉按钮，在弹出的下拉菜单中选择空白版式，如图 5-9 所示，新建一张幻灯片。

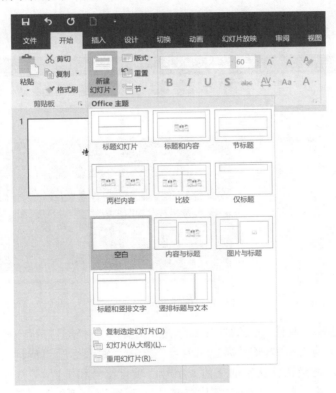

图 5-9 新建幻灯片

选择"插入"→"插图"→"SmartArt"选项，打开"选择 SmartArt 图形"对话框，如图 5-10 所示，选择"列表"→"垂直项目符号列表"项，修改列表层级，去除二级列表项，单击"确定"按钮。在"在此处键入文字"文本框中输入相应的文字，如图 5-11 所示，适当调整文字的大小。

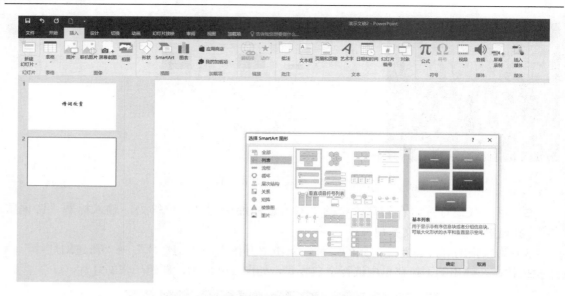

图 5-10　选择 SmartArt 图形

图 5-11　编辑 SmartArt 文字

4）第三张幻灯片。新建一张幻灯片，单击"开始"→"幻灯片"→"新建幻灯片"的下拉按钮，在其下拉菜单中选择"标题和内容"选项。输入标题"诗词与人生"，在正文部分加入相应的文字，适当调整文字的字体、字号、项目符号和位置。

5）第四张幻灯片。新建一张幻灯片，单击"开始"→"幻灯片"→"版式"下拉按钮，在其下拉菜单中选择"两栏内容"选项，如图 5-12 所示。输入标题"诗词与山水"，在正文部分，左边栏中加入相应的文字，调整文字的字体、大小和位置，设置相应的项目符号。选中右边栏，选择"插入"→"图像"→"联机图片"选项，打开"插入图片"对话框，如图 5-13 所示，单击"必应图像搜索"，在"搜索必应"文本框中输入"寒山寺"，单击"搜索"按钮，找到相应的图片并插入到幻灯片适当位置，如图 5-14 所示。

图 5-12　选择两栏内容版式

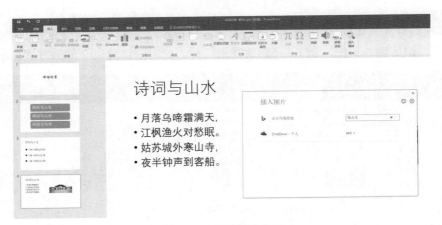

图 5-13　必应图像搜索

图 5-14　插入联机图片

6）设置幻灯片的主题和背景。在"设计"→"主题"组中，在"徽章"主题上右击，在弹出的快捷菜单中选择"应用到所有幻灯片"命令，在"变体"组中选择第一项"Badge"，如图 5-15 所示。

图 5-15　设置幻灯片的主题

7）放映幻灯片。如图 5-16 所示，选择"幻灯片放映"→"开始放映幻灯片"→"从头开始"选项（快捷键为〈F5〉键），开始放映幻灯片，此时幻灯片以全屏的方式显示。

图 5-16　从头开始放映幻灯片

 主要知识点

5.2.1　整体规划及准备素材

为了使演示文稿在播放时更能吸引观众，针对不同的演示内容、不同的观众对象，使用不同风格的幻灯片外观是十分重要的。因此在演示文稿制作之前，先对文稿做一个基本的规划，思考需要准备的素材，尽可能多地准备素材，这样在制作时才有选择的余地。整体规划和素材准备的思路如下。

1）规划幻灯片。幻灯片的规划就是确定幻灯片制作的主要内容、需要的页面及需要的素材等。

2）查找、整理素材及图片。

3）将素材存储到一个固定文件夹中，方便使用。

5.2.2　演示文稿的创建与保存

1．演示文稿的创建

启动 PowerPoint 时，程序会进入一个开始引导界面，如图 5-17 所示，在这个界面里可以选择空白演示文稿，也可以从主题新建演示文稿。

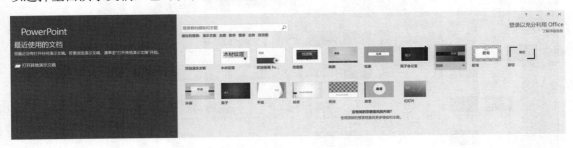

图 5-17　PowerPoint 引导界面

（1）创建空白演示文稿

单击□□按钮，即可创建新的空白演示文稿，如图 5-18 所示。

图 5-18　创建空白演示文稿

（2）使用主题创建演示文稿

PowerPoint 提供了丰富的演示文稿模板和主题，通过这些模板和主题可以快速地制作出精美的演示文稿，也可以根据需要搜索联机模板和主题，还可以选择程序自带的模板和主题。

选择"文件"→"新建"选项，在打开的窗口中，单击"建议的搜索"→"教育"关键词，弹出与"教育"有关的模板列表，如图 5-19 所示，在列表中单击需要的模板，最后单击"创建"按钮即可，如图 5-20 所示。

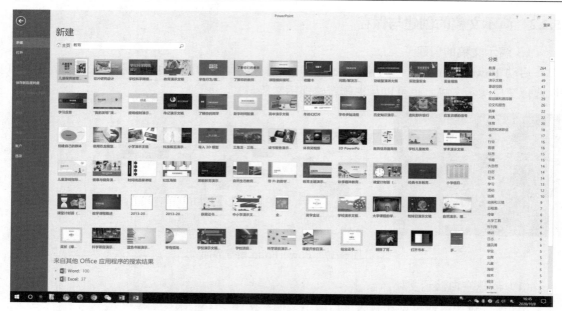

图 5-19　教育主题模板搜索结果

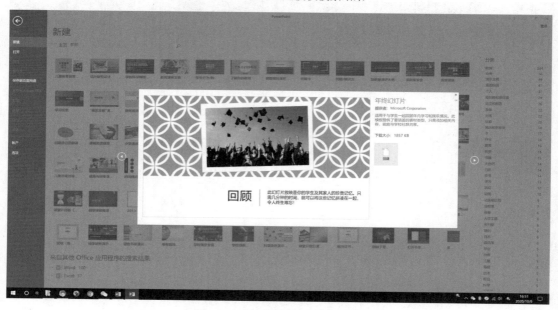

图 5-20　使用模板创建演示文稿

2．演示文稿的保存

在 PowerPoint 中除了可以保存新建的、修改后的、另存的演示文稿，还可以将演示文稿保存为"PowerPoint 放映"类型。

（1）保存或另存为演示文稿

保存新建的演示文稿和修改后的演示文稿，可直接执行"文件"→"保存"命令；若要另存演示文稿，则执行"文件"→"另存为"命令，可以将演示文稿保存到"OneDrive"（Windows 的云存储服务），或这台计算机（本机）的"文档"/"桌面"，或"添加位置"，或"浏览"更多位置，如图 5-21 所示。

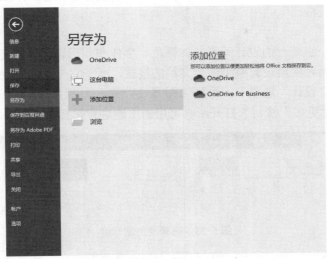

图 5-21　另存为命令

（2）保存为"PowerPoint 放映"类型

保存为"PowerPoint 放映"类型的演示文稿，即可在不运行 PowerPoint 应用程序的情况下，在幻灯片放映视图中打开演示文稿，实现放映功能。"PowerPoint 放映"类型演示文稿的扩展名为".ppsx"。

将演示文稿保存为"PowerPoint 放映"类型的操作步骤是：选择"文件"→"另存为"命令，在弹出的"另存为"对话框中，选择"保存类型"为"PowerPoint 放映(*.ppsx)"，再选择保存位置，然后单击"保存"按钮，如图 5-22 所示。

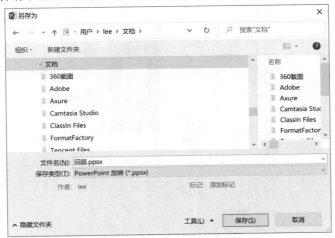

图 5-22　保存为放映文件

5.2.3　演示文稿的设计

演示文稿除了具有能恰当表达主题的内容之外，外观也至为重要。例如，给每张幻灯片设计不同的背景、版式、颜色和字体等，让演示文稿具有个性化特征。用户还可以利用

PowerPoint 提供的主题、母版、幻灯片版式和背景等设计演示文稿的外观，使演示文稿中的幻灯片具有一致的风格。

1．主题

主题是指使用一组统一的设计元素，如颜色、字体和图形设置演示文稿的外观。通过应用主题，可以快速而轻松地设置整个演示文稿的格式，赋予它专业和时尚的外观。在当前演示文稿窗口，打开"设计"选项卡，看到如图 5-23 所示的"主题"组，单击某个缩略图设置主题，或单击⬚（"更多"按钮）打开所有可用的主题进行选择。

图 5-23　选择"主题"组

在"设计"→"变体"组中 "变体"，可自定义颜色、字体、效果和背景样式。

（1）颜色

主题颜色是演示文稿中使用的颜色集合，包含文本和背景颜色、强调文字颜色和超链接颜色。单击"变体"组右侧⬚（"其他"按钮）的"颜色"按钮▇ 颜色(C)，从中选择一种主题颜色。

创建自定义主题颜色的步骤为：单击"设计"→"主题"→"变体"→"其他"按钮⬚，从下拉列表中选择"自定义颜色"选项，弹出"新建主题颜色"对话框，如图 5-24 所示，设置新的主题颜色。

图 5-24　新建主题颜色

（2）字体

主题字体包含标题字体和正文字体。单击"设计"→"主题"→"变体"→"其他"按钮⬚，从下拉列表中选择"主题字体"选项🅧 字体(F)，可以在"主题字体"名称下看到用于每种主题中字体的标题字体和正文字体的名称。

创建自定义主题字体步骤为：单击"设计"→"主题"→"变体"→"其他"按钮□，从下拉列表中选择"自定义字体"选项，弹出"新建主题字体"对话框，如图 5-25 所示，设置新的主题字体。

图 5-25　"新建主题字体"对话框

（3）效果

主题效果是指将效果应用于图表、SmartArt 图形、形状、图片、表格、艺术字和文本等对象。通过使用主题效果库，可以替换不同的效果集来更改对象的外观。单击"设计"→"主题"→"变体"→"其他"按钮□中的"效果"按钮，从下拉列表中选择主题效果。

（4）背景样式

单击"设计"→"主题"→"变体"→"其他"按钮□中的"背景样式"按钮，从下拉列表中选择背景样式。背景样式在"背景样式"库中显示为缩略图，将鼠标指针置于某个背景样式缩略图时，可以预览应用了该背景样式时演示文稿的效果，单击即可应用它。

另外，也可以单击"设计"→"主题"→"自定义"→"设置背景格式"按钮，如图 5-26 所示，在展开的面板中进行更多的背景样式设置。

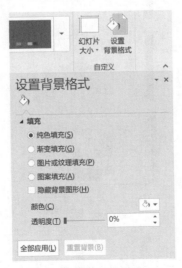

图 5-26　设置背景格式

2．幻灯片版式

演示文稿的每张幻灯片显示的内容不一样，需要的版式可能也不同。应用幻灯片版式的操作如下。

选择"开始"→"幻灯片"→"版式"选项，从下拉列表中选择一种即可。

5.2.4 编辑幻灯片

1．幻灯片的添加

选择"开始"→"幻灯片"→"新建幻灯片"选项，或直接按〈Ctrl+M〉快捷键，即可添加一张幻灯片。

2．幻灯片复制和移动

幻灯片的复制和移动操作可以在"幻灯片浏览视图"或"普通视图"中的"大纲"或"幻灯片"选项卡的窗格中完成相应的操作。

（1）复制

将一张或多张幻灯片复制到同一演示文稿的某一位置，或复制到其他演示文稿，可以单击"幻灯片"选项卡，执行下列操作。

1）通过执行下列操作之一选择要复制的幻灯片。

● 选择单张幻灯片。

● 选择多张连续的幻灯片：单击第一张幻灯片，按〈Shift〉键，然后单击要选择的最后一张幻灯片。

● 选择多张不连续的幻灯片：按〈Ctrl〉键，然后单击每张要选择的幻灯片。

2）右击某张选定的幻灯片，从弹出的快捷菜单中选择"复制"命令。

3）在目标演示文稿中，定位到合适位置并右击，从弹出的快捷菜单中选择"粘贴"命令，也可以根据设计需要，选择"粘贴选项"命令进行格式设置，如图5-27所示。

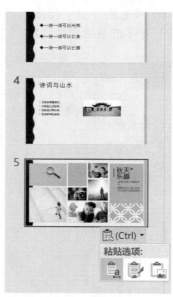

图5-27 "粘贴选项"快捷菜单

（2）移动

将一张或多张幻灯片移动到某一位置，只需将"复制"方法的第三步"复制"命令改为"剪切"命令，即可完成"移动"操作。

3．幻灯片删除

选择待删除幻灯片并右击，从弹出的快捷菜单中选择"删除幻灯片"命令，或直接按〈Delete〉键。

5.2.5　幻灯片中对象的插入

如果幻灯片中只有文字未免显得枯燥。在 PowerPoint 2016 中，为了丰富幻灯片的内容，美化版面，更形象地表现演示文稿所要表达的内容，可以在幻灯片中加入一些剪贴画、图片、图形、图表、音乐、影片等来丰富幻灯片。图 5-28 显示了幻灯片中可以插入的对象，这里介绍如何插入"形状"和"声音"对象。

图 5-28　"插入"选项卡

1．插入"形状"

选择"插入"→"插图"→"形状"选项，从弹出的下拉列表中选择图形形状，如"笑脸"，在页面中单击并拖动鼠标，即可绘制出所需的图形，如图 5-29 所示。

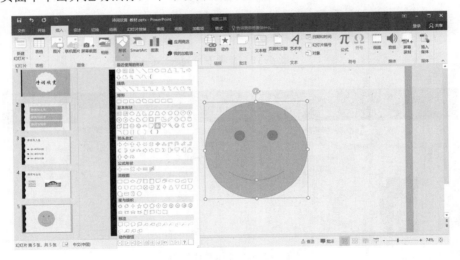

图 5-29　插入"笑脸"

图形绘制完成后，可以对图形进行以下编辑操作。

1）移动位置：将鼠标指针移到图形上，会变成✥形状，此时按下鼠标并拖动，可移动该图形的位置。

2）改变大小：拖动四周的尺寸控制点便可调整图形的尺寸。如要设置精确的尺寸，选中图形后，使用"绘图工具|格式"→"大小"组，设置具体的长宽值，如图 5-30 所示。

图 5-30 "绘图工具|格式"选项卡中的"大小"组

3）设置填充颜色：选中图形后，选择"绘图工具|格式"→"形状样式"→"形状填充"选项，从弹出的下拉列表中选择所需的填充色。

4）设置轮廓色：选中图形后，选择"绘图工具|格式"→"形状样式"→"形状轮廓"选项，从弹出的下拉列表中选择所需的轮廓色。

5）旋转与翻转：选中图形后，选择"绘图工具|格式"→"排列"→"旋转"选项，从弹出的下拉列表中进行选择。

2. 插入声音

在幻灯片中可以添加音乐、歌曲或声音效果等。插入声音的具体操作步骤是：单击"插入"→"媒体"→"音频"下拉按钮，从展开的列表中选择插入的音频来源。

如在"音频"下拉列表中选择"PC 上的音频"选项，如图 5-31 所示，找到包含所需文件的文件夹，然后双击要插入的声音文件，即可在幻灯片中插入音频，并在幻灯片中显示为音频剪辑图标 🔊，如图 5-32 所示。

图 5-31 音频下拉列表

图 5-32 "音频选项"组

选中插入的音频图标，在随之出现的"音频工具"|"播放"选项卡中进行设置。

1）"音量"：可以选择低、中、高和静音，来控制声音的音量。

2）"开始"：设置声音的播放方式。

● "自动"：在幻灯片放映时，声音可以在显示特定幻灯片时自动播放。

● "单击时"：在单击特定幻灯片上的声音图标时播放。

3）"跨幻灯片播放"：可以在一张或多张幻灯片上播放。

4）"循环播放，直到停止"：声音文件的长度不足以在幻灯片上继续播放，选择此复选框以重复播放此声音。

5）"放映时隐藏"：幻灯片放映中不显示声音图标。

6）"播完返回开头"：播放完毕时返回至音频开头处。

5.2.6　幻灯片的放映

在 PowerPoint 中，启动幻灯片放映，可执行下列操作之一。

1）单击演示文稿窗口右下角的"幻灯片放映视图"按钮 。

2）在"幻灯片放映"→"开始放映幻灯片"组，单击"从头开始"按钮或"从当前幻灯片开始"按钮。

3）直接按〈F5〉键，即可启动幻灯片放映。

如果想中止放映，可按下〈Esc〉键。

在 PowerPoint 中，可以创建自定义放映，使其满足不同观众的需求。自定义放映是指在演示文稿中随意选取一些幻灯片组合成一种自定义放映，并为其命名名称，为每一种自定义放映命名。

自定义放映的具体操作步骤为：单击"幻灯片放映"→"开始放映幻灯片"→"自定义幻灯片放映"按钮，从下拉列表中选择"自定义放映"命令，在弹出的"自定义放映"对话框，如图 5-33 所示。单击"自定义放映"对话框中的"新建"按钮，打开"定义自定义放映"对话框，并在其中设计幻灯片的自定义放映方式，定义放映名称如"自定义放映 1"，单击"确定"按钮，即完成自定义放映设置，如图 5-34 所示。

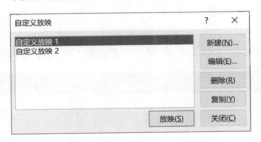

图 5-33　"自定义放映"对话框

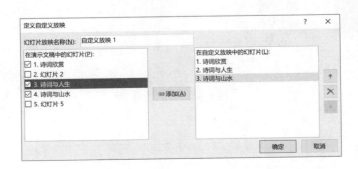

图 5-34　"定义自定义放映"对话框

如对演示文稿中幻灯片的放映类型、放映选项或换片方式等进行设置，可以单击"幻灯片放映"→"设置"→"设置幻灯片放映"下拉列表，在弹出的"设置放映方式"对话框中设置幻灯片放映，如图 5-35 所示。

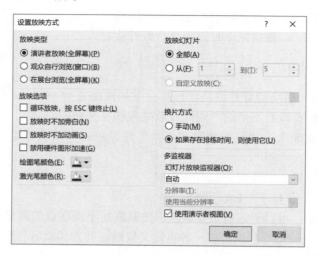

图 5-35　"设置放映方式"对话框

5.3　幻灯片的动画设计

介绍《向左走，向右走》一书的作者和相关内容，完成后的实例效果如图 5-36 所示。

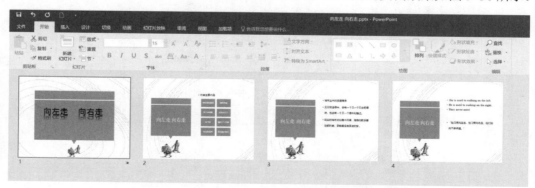

图 5-36　实例效果

在上述制作中，分别用到了 PowerPoint 的如下功能。

☑ 幻灯片母版的设置
☑ 幻灯片切换
☑ 自定义动画
☑ 超链接的设置

操作步骤

1. 设置主题

创建新演示文稿，设置演示文稿的主题，选择"设计"→"主题"组中的"地图集"主题，"变体"组里选择第二个"Atlas"。

2. 更改母版

选择"视图"→"母版视图"→"幻灯片母版"选项，如图 5-37 所示。在"幻灯片母版"窗口中的第一张和第二张幻灯片母版的底部适当位置插入图片，如图 5-38 所示。

图 5-37　幻灯片母版命令

图 5-38　幻灯片母版插入图片

3. 创建第一张幻灯片

（1）插入文本，并进行相应设置

1）选中主标题占位符，输入"向左走　向右走"。

2）选中输入文字，在"开始"→"字体"组中，设置字体为"微软雅黑""加粗"、字

号为60。

3）选择"绘图工具"→"格式"→"形状样式"→"形状效果"→"映像"→"映像变体"命令，选择"映像变体"中的"半映像，接触"选项来为文字设置映像效果。

（2）设置动画

1）选择"向左走 向右走"所在的占位符框，选择"动画"→"动画"→"飞入"选项，在"效果选项"下拉菜单中选择"自左侧"选项，如图5-39所示。

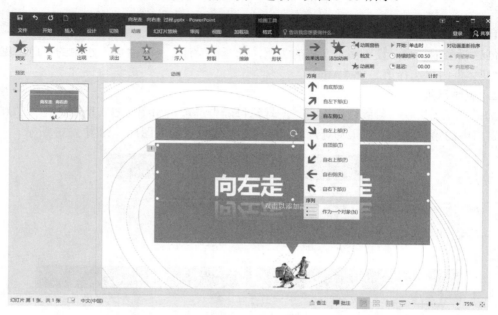

图5-39 "效果选项"下拉菜单

2）单击"动画窗格"按钮，打开"动画窗格"面板，在"动画窗格"下拉列表中选择"效果选项"命令，弹出"飞入"对话框，如图5-40所示，将"平滑结束"修改为0.5秒，单击"确定"按钮。

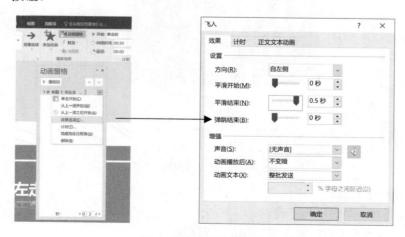

图5-40 效果选项设置

4. 创建第二张幻灯片

在幻灯片导航缩略图窗格第一张幻灯片下方的空白处右击，在弹出的快捷菜单中选择"新建幻灯片"命令，创建第二张幻灯片。

1）输入文本：在左侧标题栏输入"向左走 向右走"。在右侧添加文本"作者主要作品"，设置右侧文本对齐：选择"开始"→"段落"→"对齐文本"→"顶端对齐"选项，如图 5-41 所示。

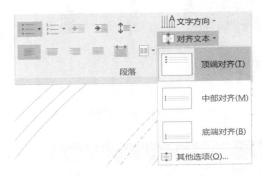

图 5-41　对齐文本设置

2）插入 SmartArt 图形：选择"插入"→"插图"→"SmartArt"选项，在弹出的"选择 SmartArt 图形"对话框中选择"列表"→"基本列表"选项，如图 5-42 所示，在相应的位置添加文字，调整大小，放到相应的位置，如图 5-43 所示。

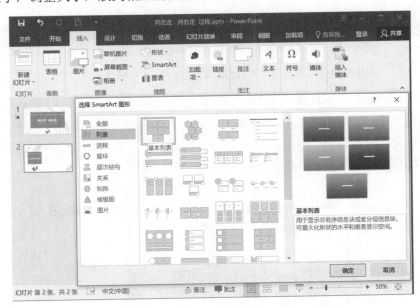

图 5-42　SmartArt 基本列表

3）设置动画：选择 SmartArt 图形，选择"动画"→"高级动画"→"添加动画"选项，在弹出的下拉列表中选择"进入"→"浮入"选项，如图 5-44 所示。在"效果选项"下拉列表中选择"逐个"选项，如图 5-45 所示。

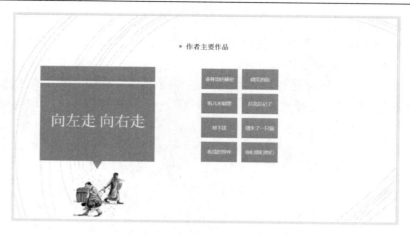

图 5-43　SmartArt 列表设置效果

图 5-44　设置"浮入"动画效果

图 5-45　"逐个"选项

4）插入超级链接：选择第二张幻灯片中的标题"向左走　向右走"文本框，选择"插入"→"链接"→"超链接"选项，在弹出的"插入超链接"对话框中，选择"链接到："列表中的"本文档中的位置"选项，如图 5-46 所示；在"请选择文档中的位置"列表中选择"4.向左走向右走"选项，单击"确定"按钮，完成超链接设置。

图 5-46　"插入超链接"对话框

5．创建第三张幻灯片

1）输入文本：在左侧标题栏输入"向左走 向右走"。

2）填写正文：在右侧正文部分添加相应的内容。选中文字，并设置字体、字号和行间距，如图 5-47 所示。

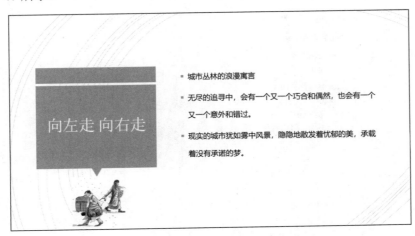

图 5-47　第三张幻灯片效果

6．创建第四张幻灯片

1）在左侧标题栏输入"向左走 向右走"。

2）在右侧正文部分输入文本，再进行如下操作。

① 文字处理：输入文字后，适当设置文字的大小、字体、行间距和位置。

② 动画设置：选中"She is used…"文本框，并设置动画。单击"动画"→"动画"→"其他"下拉按钮，在弹出的下拉列表中选择"更多进入效果"选项，在弹出的"更改进入效果"对话框中选择→"温和型"→"下浮"选项，如图 5-48 所示，单击"确定"按钮。

图 5-48　"更改进入效果"对话框

3）添加动作按钮。选择"插入"→"图像"→"形状"→"动作按钮"→"动作按钮：第一章"选项，在幻灯片适当位置拖动鼠标，绘制完动作按钮，在弹出的"操作设置"对话框中，在"单击鼠标"选项卡中选中"超链接到"单选按钮并在其下的下拉列表中的选择"第一张幻灯片"选项，单击"确定"按钮，完成动作按钮的设置，如图 5-49 所示。

图 5-49　超级链接设置

7. 设置幻灯片切换效果

选择"切换"→"切换到此幻灯片"→"淡出"选项，然后单击"全部应用"按钮，如图 5-50 所示。

图 5-50　设置幻灯片切换效果

主要知识点

5.3.1　幻灯片母版

如果对幻灯片逐一进行相同的设计更改时，可以利用幻灯片母版，只需在母版上进行一次更改，就可以省去相当一部分工作量。而且，借助这一过程，演示文稿可以保持较小的文件大小。幻灯片母版设置的具体操作步骤如下。

1. 编辑幻灯片母版

选择 "视图" → "母版视图" → "幻灯片母版" 选项,打开编辑幻灯片母版窗口,如图 5-51 所示。在 "幻灯片母版" 视图中选择要编辑的母版或与母版关联的版式,然后对该母版上的文本和对象在幻灯片上的放置位置、文本和对象占位符的大小、文本样式、背景、颜色主题、效果和动画等进行所需要的修改。

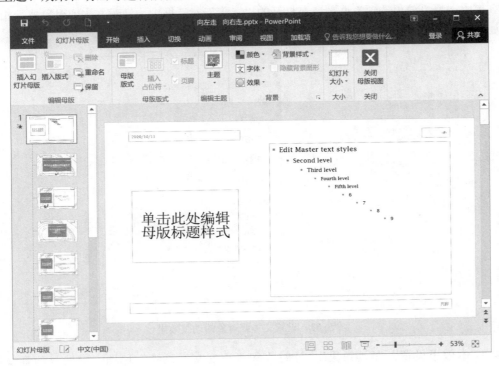

图 5-51　编辑幻灯片母版

2. 退出幻灯片母版

选择 "幻灯片母版" → "关闭" → "关闭母版视图" 选项,即可在当前幻灯片中应用修改后的母版。

5.3.2　自定义动画

动画是指给文本或对象添加特殊视觉或声音效果。例如,可以使文本项目符号逐字从左侧飞入、在显示图片时播放掌声等。

在 PowerPoint 演示文稿中,通过对声音、超链接、文本、图形、图表及其他对象等添加动画效果,既可以突出重点,控制对象的出现顺序和方式,又可以增加演示文稿的生动性和趣味性。自定义动画的操作步骤如下。

1)选中要添加动画效果的文本或对象。

2)在 "动画" → "动画" 组中,选择相应动画效果按钮。

3)单击 "其他" 按钮,在下拉列表中选择 "更多进入效果" "更多强调效果" "更多退出效果" 和 "其他动作路径" 等选项,进行更丰富的动画效果设置。

- "进入"：指在文本或对象进入时带有的效果。
- "强调"：为在幻灯片上已显示的文本或对象添加效果。
- "退出"：指文本或对象在某一时刻离开幻灯片时带有的效果。
- "动作路径"：添加使文本或对象具有指定路径运动的效果。

4）设置文本或对象的动画效果，单击"动画窗格"按钮，打开"动画窗格"对话框，在下拉列表中选择"效果选项"选项，在打开的"飞入"对话框中，针对文本或对象执行相应操作，如图 5-52 所示。

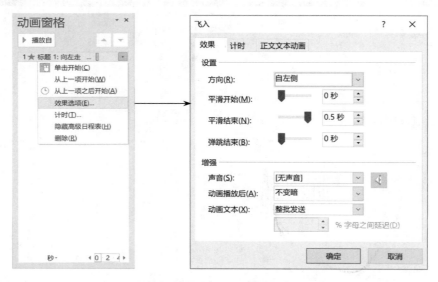

图 5-52　设置文本或对象的动画效果

- 文本效果设置：在"效果""计时"和"正文文本动画"选项卡上选择动画效果的选项。
- 对象效果设置：在"效果"和"计时"选项卡上选择动画效果的选项。

5）各个效果将按照其添加顺序显示在"动画窗格"对话框的列表中。

在自定义动画中，可以对幻灯片占位符中的项目或段落（包括单个项目符号和列表项）应用自定义动画。可以对幻灯片上的所有项目应用飞入动画，也可以对项目符号列表中的单个段落应用该动画。除了预设或自定义动作路径外，还可以使用进入、强调或退出选项。此外，还可以对一个项目应用多个动画，实现项目符号项在飞入后再飞出。

5.3.3　超链接

在 PowerPoint 中，超链接是指在幻灯片放映中，可以从一张幻灯片跳转到同一演示文稿中的另一张幻灯片，或是从一张幻灯片跳转到不同演示文稿中的另一张幻灯片、电子邮件地址、网页或文件。可以针对文本或一个对象（如图片、图形、形状或艺术字）创建链接。

1. 创建超链接

1）在"普通"视图中，选择要用做超链接的文本或对象。

2）选择"插入"→"链接"→"超链接"选项。

3）在打开的"插入超链接"对话框的"链接到"列表中，有"本文档中的位置""现有文件或网页""电子邮件地址"和"新建文档"选项，可根据相应提示进行设置，如图 5-53 所示。

图 5-53　"插入超链接"对话框

2．删除超链接

选中要删除超链接的文本或对象，选择"插入"→"链接"→"超链接"选项，在打开的"插入超链接"对话框中单击"删除链接"按钮。或选中要删除超链接的文本或对象并右击，从弹出的快捷菜单中选择"取消超链接"命令。

5.3.4　动作

动作按钮是预定义的按钮，可将其直接插入到演示文稿中使用，也可以为其重新定义超链接。动作按钮包含形状（如右箭头和左箭头）及通常被理解为用于转到下一张、上一张、第一张和最后一张幻灯片以及用于播放影片或声音的符号。具体操作步骤如下。

1）选择"插入"→"插图"→"形状"选项，在"动作按钮"列表中，单击要添加的按钮，如图 5-54 所示。

2）单击幻灯片上的一个位置，通过拖动鼠标绘制相应的动作按钮。

3）在打开的"操作设置"对话框中，执行下列操作之一。

● "单击鼠标"选项卡：选择动作按钮在被单击时的行为。

● "鼠标悬停"选项卡：选择鼠标指针移过时动作按钮的行为。

图 5-54　"形状"下拉列表

4）选择单击鼠标或鼠标悬停动作按钮时所发生的操作。
- "无动作"：不进行任何操作。
- "超链接到"：创建超链接，选择超链接的目标。
- "运行程序"：运行本地程序，浏览选择超链接的程序目标。
- "播放声音"：选中该复选框，然后选择要播放的声音。

5.3.5 幻灯片的切换

幻灯片切换是放映时添加在幻灯片之间的一种特殊效果，是从一个幻灯片移到下一个幻灯片时出现的类似动画的效果。幻灯片切换可以设置每个幻灯片切换时的效果和速度，还可以添加声音。

PowerPoint 包含很多不同类型的幻灯片切换效果，选择"切换"→"切换到此幻灯片"组，如图 5-55 所示，每个图标显示了切换的效果。若要查看更多切换效果，单击"其他"按钮。

图 5-55　幻灯片切换效果组

向演示文稿中添加幻灯片切换效果的具体步骤如下。

1）选中某个幻灯片缩略图。

2）在"切换"→"切换到此幻灯片"组中，单击一个幻灯片切换效果。如若查看更多切换效果，单击"其他"按钮。

3）如果向幻灯片添加相同的效果，则在"切换到此幻灯片"组中，单击"全部应用"命令。

在切换过程中还可以实现以下两类效果。

1）设置幻灯片切换速度：在"切换"→"计时"组中，修改"持续时间"，选择所需的速度。

2）向幻灯片切换效果添加声音：在"切换"→"计时"组中，单击"声音"下拉按钮，然后执行下列操作之一。

- 若要添加列表中的声音，选择所需的声音。
- 若要添加列表中没有的声音，选择"其他声音"选项，找到要添加的声音文件，然后单击"确定"按钮。

5.4　习题

一、选择题

1. 以下有关 PowerPoint 的说法正确的是（　　）。

    A．PowerPoint 是 Office 中的一个组件，Word、Excel 产生的数据能被其使用

    B．PowerPoint 是 Office 中的一个组件，但 Word、Excel 产生的数据不能被其使用

  C. PowerPoint 的动画设置非常简单，但要让一个对象做圆周运动却无法实现

  D. PowerPoint 可通过编程实现其复杂的动画效果

2. PowerPoint 系统是一个（　　　）软件。

  A. 文字处理　　　　B. 表格处理　　　　C. 图形处理　　　　D. 文稿演示

3. PowerPoint 2016 默认其文件的扩展名为（　　　）。

  A. pps　　　　　　B. ppt　　　　　　C. pptx　　　　　　D. ppn

4. 用户编辑演示文稿时的主要视图是（　　　）。

  A. 普通视图　　　　　　　　　　　B. 幻灯片浏览视图

  C. 备注页视图　　　　　　　　　　D. 幻灯片放映视图

5. 在 PowerPoint 2016 中，不能对个别幻灯片内容进行编辑修改的视图方式是（　　　）。

  A. 大纲视图　　　　　　　　　　　B. 幻灯片浏览视图

  C. 幻灯片视图　　　　　　　　　　D. 以上三项均不能

6. 若想在一屏内查看多张幻灯片，可采用的方法是（　　　）。

  A. 切换到幻灯片放映视图　　　　　B. 打印预览

  C. 切换到幻灯片浏览视图　　　　　D. 切换到幻灯片大纲视图

7. 幻灯片占位符的作用是（　　　）。

  A. 表示文本长度　　　　　　　　　B. 限制插入对象的数量

  C. 表示图形大小　　　　　　　　　D. 为文本、图形预留位置

8. 幻灯片母版是模板的一部分，它存储的信息不包括（　　　）。

  A. 文本内容　　　　　　　　　　　B. 文本和对象在幻灯片上的放置位置

  C. 颜色主题、效果和动画　　　　　D. 占位符的大小

9. 改变演示文稿外观可以通过（　　　）。

  A. 修改主题　　　　　　　　　　　B. 修改背景样式

  C. 修改母版　　　　　　　　　　　D. 以上三种都可以

10. 如果要在某一张幻灯片中放置不同元素的动画效果，应该使用"动画"工具组中的（　　　）按钮。

  A. 自定义动画　　B. 幻灯片切换　　C. 动作设置　　　D. 自定义放映

11. 在 PowerPoint 的"幻灯片切换"对话框中，允许的设置是（　　　）。

  A. 设置幻灯片切换时的视觉效果和听觉效果

  B. 只能设置幻灯片切换时的听觉效果

  C. 只能设置幻灯片切换时的视觉效果

  D. 只能设置幻灯片切换时的定时效果

12. 在演示文稿放映过程中，可随时按（　　　）键终止放映，返回到原来的视图中。

  A. 〈Enter〉　　　　B. 〈Esc〉　　　　C. 〈Pause〉　　　D. 〈Ctrl〉

13. 演示文稿中每一张演示的单页称为（　　　），它是演示文稿的核心。

  A. 版式　　　　　　B. 模版　　　　　　C. 母板　　　　　　D. 幻灯片

14. 供演讲者查阅及播放演示文稿时，对各幻灯片加以说明的是（　　　）。

  A. 备注窗格　　　　B. 大纲窗格　　　　C. 幻灯片窗格　　D. 以上均不是

15. 下列说法正确的是（　　　）。

A. 通过"背景"命令只能为一张幻灯片添加背景

B. 通过"背景"命令只能为所有幻灯片添加背景

C. 通过"背景"命令既可以为一张幻灯片添加背景也可以为所有幻灯片添加背景

D. 以上说法都不对

16. 要实现在播放时由第一张幻灯片直接向第三张幻灯片的跳转，可采用的方法是（   ）。

A. 设置预设动画　　　　　　　　B. 设置自定义动画

C. 设置幻灯片切换方式　　　　　D. 设置动作按钮

17. 幻灯片的切换方式是指（   ）。

A. 在编辑新幻灯片时的过渡形式

B. 在编辑幻灯片时切换不同视图

C. 在编辑幻灯片时切换不同的设计模版

D. 在幻灯片放映时两张幻灯片之间的过渡形式

18. 在创建新的幻灯片时出现的虚线框称为（   ）。

A. 占位符　　　　B. 文本框　　　　C. 图片边界　　　　D. 表格边界

19. PowerPoint 在幻灯片中建立超链接有两种方式：通过把某对象作为"超链点"和（   ）。

A. 文本框　　　　B. 文本　　　　C. 图片　　　　D. 动作按钮

20. 在 PowerPoint 中按功能键〈F5〉的功能是（   ）。

A. 打开文件　　　B. 观看放映　　　C. 打印预览　　　D. 样式检查

二、上机练习题

1. 制作介绍"商品分类"的演示文档，文件名为"goods.pptx"，如图 5-56 所示，具体要求如下。

（1）第一张幻灯片。

● 演示文稿设计主题为"平面"。

● 插入一张幻灯片，输入相应的文字。

（2）第二张幻灯片。

● 插入第二张幻灯片，在标题处输入相应的文字。

● 在正文部分根据默认项目符号，输入相应的文字。

（3）第三张幻灯片。

● 插入第三张幻灯片，版式为"仅标题"，并在标题处输入相应的文字。

● 在空白部分，插入 SmartArt 图形，在层次结构中选择"水平组织结构图"，并添加相应的文字。

（4）第四张幻灯片。

● 插入第四张幻灯片，版式为"仅标题"，并在标题处输入相应的文字。

● 在空白部分插入三张图片，通过"插入"→"联机图片"→"必应图像搜索"方式，分别搜索"食品""衣着""日用品"。

● 在适当的位置添加相应的文字。字体为华文新魏、字号为 20 磅。

图 5-56　"商品分类"的演示实例

2．制作关于"可爱的小狗介绍"的演示文档，文件名为"dogs.pptx"，如图 5-57 所示，具体要求如下。

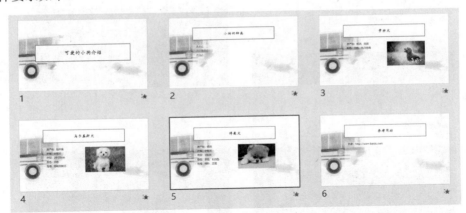

图 5-57　"可爱的小狗介绍"的演示实例

（1）设置幻灯片主题为"包裹"。

（2）设置幻灯片母版。

● 插入用户目录下的图片并设置效果：在"图片工具"→"格式"→"调整"组中，选择"颜色"→"重新着色"→"橙色，个性 4 浅色"，再选择"艺术效果"→"发光散射"。

● 设置幻灯片切换方式为"擦除"，图片动画为"淡出"。

（3）插入幻灯片。

● 除标题幻灯片以外，再插入四张使用"标题和内容"版式的幻灯片，在幻灯片的适当位置录入文字、插入图片。

- 在第二张幻灯片中，为相应文字添加超链接，分别链接到第三、四、五张幻灯片。
- 第三、四、五张幻灯片中文本的动画效果为"随机线条"，图片的动画效果为"弹跳"。

（4）插入第六张幻灯片。

- 使用"标题和内容"版式插入第六张幻灯片，在幻灯片的适当位置录入文字，正文部分为网址。

3. 制作"中国元素"演示文档，文件名为"中国元素.pptx"，如图 5-58 所示，具体要求如下。

（1）设置幻灯片母版。

插入用户目录下图片，并设置"图片工具"→"格式"→"调整"→"颜色"→"重新着色"→"红色，个性色6深色"。

（2）插入幻灯片。

- 设置幻灯片主题：引用。
- 插入三张幻灯片，在幻灯片的适当位置录入文字、插入图片。
- 为第三、四张幻灯片正文中的文本添加动画效果为"擦除，自顶部"。
- 第四张幻灯片中图片的动画效果为"浮入，上浮"。

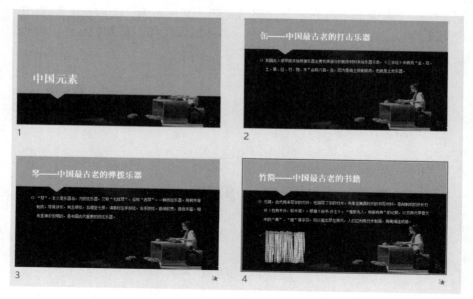

图 5-58 "中国元素"的演示实例

4. 设计并制作一份介绍自己家乡的演示文稿，要求如下。

1）有适当的文字和图片，并为其添加动画效果。

2）定义幻灯片的切换方式。

3）根据需要添加声音或视频。

第6章　计算机网络

计算机是 20 世纪最重要的科学技术发明之一，计算机的发展经历了三次浪潮。最早出现的大型计算机可以看作是计算机发展的第一次浪潮，随后个人计算机即 PC 的出现是第二次浪潮，第三次浪潮则是交互式网络的出现。

在第一次浪潮中，信息处理是关键。当时，国际商用机器公司（IBM）生产的是能够进行快速复杂计算、体积庞大的大型计算机。到了 20 世纪 80 年代，商业人士购买了当时最流行的桌上型计算机，开始用自己的计算机得出分析结果。信息的获取成为计算机领域的第二次浪潮。计算机领域的第三次浪潮，就是同其他人发生联系。第二次浪潮的情景是每张桌子上摆有一台计算机，而第三次浪潮是把所有这些计算机都连接在一起，人们互相发送信息，或在网络上提供信息让别人来看。随着网络技术的不断发展，互联网络的速度越来越快，结构越来越灵活，提供的内容也越来越丰富多彩。

6.1　计算机网络的基础知识

所谓计算机网络，是指将地理位置不同的、具有独立功能的多台计算机及其外部设备，通过通信线路连接起来，在网络操作系统、网络管理软件及网络通信协议的管理和协调下，实现资源共享和信息传递的计算机系统。

6.1.1　计算机网络的分类

计算机网络的划分方法各种各样，其中较常使用的是按照覆盖的地理范围大小或按照网络的操作方式来划分。

1. 按覆盖的地理范围

计算机网络按覆盖的地理范围大小可分为三种类型：局域网、城域网和广域网。

（1）局域网

局域网（Local Area Network，LAN）是规模最小的网络，用在一些局部的、地理位置相近的场合，覆盖范围一般不超过几千米，如一座建筑物内或建筑物附近，例如，家庭、办公室或工厂，校园网也属于局域网。

网络中的计算机等设备实现互联所采取的结构连接方式，叫作拓扑结构。常见的局域网网络拓扑结构主要有总线型结构、环形结构和星形结构等，如图 6-1 所示。

在局域网中使用的传输介质，也就是连接线路，主要有双绞线、同轴电缆和光纤。在双绞线和同轴电缆中传送的是电信号，在光纤中传送的是光信号。其中，双绞线价格最便宜，同轴电缆次之，光纤的价格最高。但是，光纤的传输速度最快，抗干扰性和传输的安全性最高。早期的局域网中应用最多的传输介质是同轴电缆，随着技术的发展，双绞线与光纤的应用发展也十分迅速。对于一般的小型局域网，采用双绞线是一种比较合理的选择，双绞线也成为目前使用最广泛的传输介质。

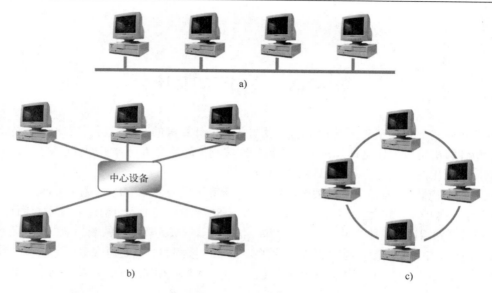

图 6-1 计算机网络

a) 总线型结构   b) 星形结构   c) 环形结构

局域网技术是计算机网络研究和应用的一个热点，也是技术发展最快的领域之一。在局域网内传输速率较高，误码率低，结构简单容易实现，设备也都比较便宜。局域网中最有代表性的是采用星形结构的以太网（Ethernet）。

（2）广域网

广域网（Wide Area Network，WAN）是规模最大的网络，它可以用于地理位置相差甚远的场合，覆盖范围可以跨越都市、国家直至全球。广域网通常是通过租用一些公用的通信服务设施连接起来的，如公用的无线电通信设备、微波通信线路、光纤通信线路和卫星通信线路等。Internet（因特网）就是目前全球最大的广域网。广域网的连线距离较长，数据传输速率相对较低，使用的设备较昂贵。

广域网和局域网之间联系紧密，广域网是由多个局域网组成的。

（3）城域网

城域网（Metropolitan Area Network，MAN）的作用范围介于局域网和广域网之间，大概是一个城市的规模。

把一个学校范围内的计算机网络，习惯上称为校园网，实质上它是一个规模较大的局域网。校园网一般是把地理上分散的建筑物连为一体，使用的传输媒体一般是高速骨干线，如光纤。在它所连接的建筑物里面，可能有很多的局域网。

2. 按网络的操作方式

按照网络的操作方式来划分，还可以将计算机网络分为对等式和客户机/服务器式两种网络。

（1）对等式

在对等式（Peer-to-Peer，P2P）网络模式中，相连的机器之间彼此处于同等地位，没有主从之分。网络中的计算机能够相互共享资源，每台计算机都能以同样的方式作用于对方。

（2）客户机/服务器式

客户机／服务器（Client/Server，C/S）式网络是一种基于服务器的网络。网络中的计算机可分为客户端与服务器，其中客户端可向服务器请求资源，而服务器负责为客户端提供服务。

虽然理论上可区分这两种操作方式，但实际上，大多数网络系统都结合了这两种方式，可称为混合式网络。

6.1.2 Internet 简介

Internet 是一个五彩缤纷的世界，人们将其称作"信息高速公路"。目前，很难对 Internet 进行严格的定义，但从技术角度，可以认为 Internet 是一个相互连接的信息网。中国计算机学会编著的《英汉计算机词汇》，将 Internet 正式译为"因特网：一种国际互联网"。

Internet 可以对成千上万的局域网、广域网进行实时连接与信息资源共享。因此，有人将其称为全球最大的信息超市。

1. Internet 的发展历史

Internet 是冷战时期的产物，最早来源于美国国防部高级研究计划局（Defense Advanced Research Projects Agency，DARPA）的前身 ARPA 建立的 ARPANet，该网于 1969 年投入使用。这个网络的建立是基于这样一种主导思想：网络必须能够经受住故障的考验而维持正常工作，一旦发生战争，当网络的某一部分因遭受攻击而失去工作能力时，网络的其他部分应当能够维持正常通信。

1983 年，ARPANet 分为两部分：ARPANet 和纯军事用的 MILNet。同年 1 月，TCP/IP 成为 ARPANet 的标准协议，其后，人们称呼这个以 ARPANet 为主干网的网际互联网为 Internet。

与此同时，局域网和其他广域网的产生和蓬勃发展对 Internet 的进一步发展起了重要的促进作用。其中，最为引人注目的就是美国国家科学基金会（National Science Foundation，NSF）建立的美国国家科学基金网 NSFNet。1986 年，NSF 建立起了六大超级计算机中心，为了使全国的科学家、工程师能够共享这些超级计算机设施，NSF 建立了自己的基于 TCP/IP 簇的计算机网络 NSFNet。NSF 在全国建立了按地区划分的计算机广域网，并将这些地区网络和超级计算中心相连，最后将各超级计算中心互联起来。这样，当一个用户的计算机与某一地区相连以后，它除了可以使用任一超级计算中心的设施，也可以同网上任一用户通信，还可以获得网络提供的大量信息和数据。这一成功使得 NSFNet 于 1990 年 6 月彻底取代了 ARPANet 而成为 Internet 的主干网。NSFNet 对 Internet 的最大贡献是使 Internet 向全社会开放，而不像以前那样仅供计算机研究人员、政府职员和政府承包商使用。

1995 年，Internet 开始大规模应用在商业领域。至此，Internet 开始了它的蓬勃发展之路。

2. Internet 提供的服务

截至 2020 年 3 月，我国网民规模为 9.04 亿，互联网普及率达 64.5%。

Internet 是一个涵盖极广的信息库，它存储的信息上至天文，下至地理，包括了商业、新闻、科技和娱乐等各种信息。除此之外，Internet 还是一个覆盖全球的枢纽中心，通过它，可以了解来自世界各地的信息、收发电子邮件、和朋友聊天、进行网上购物、观看影片、阅读网上杂志、聆听音乐等。目前互联网应用的用户规模前六名的排名情况如表 6-1 所示。

表 6-1　2018.12—2020.3 网民各类互联网应用用户规模和使用率（前六名）

应用	2020.3		2018.12		增长率
	用户规模（万）	网民使用率	用户规模（万）	网民使用率	
即时通信	89613	99.2%	79172	95.6%	13.2%
搜索引擎	75015	83.0%	68132	82.2%	10.1%
网络新闻	73072	80.9%	67473	81.4%	8.3%
网络支付	76798	85.0%	60040	72.5%	27.9%
网络购物	71027	78.6%	61011	73.6%	16.4%
网上外卖	39780	44.0%	40601	49.0%	-2.0%

（1）即时通信

即时通信（IM）是指能够即时发送和接收互联网消息的业务。自 1998 年面世以来，特别是近几年的迅速发展，即时通信的功能日益丰富，不再是一个单纯的聊天工具，它已经发展成集交流、资讯、娱乐、搜索、电子商务、办公协作和企业客户服务等为一体的综合化信息平台。

（2）搜索引擎

搜索引擎是根据用户需求与一定算法，运用特定策略从互联网检索出特定信息，然后反馈给用户的一门检索技术。搜索引擎依托于多种技术，为信息检索用户提供快速、高相关性的信息服务，为用户创造更好的网络使用环境。

总之，Internet 使现有的生活、学习、工作及思维模式发生了根本性的变化。无论来自何方，Internet 都能把人们和世界连在一起，使人们可以坐在家中就能够和外界交流。

6.1.3　Internet 的相关术语

Internet 是一组全球信息资源的总汇，它以相互交流信息资源为目的，基于一些共同的协议，并通过许多路由器和公共网互联而成，它是一个信息资源和资源共享的集合。

1. TCP/IP

在计算机网络中要做到有条不紊地交换数据，就必须遵守一些事先约定好的规则。这些为计算机网络中进行数据交换而建立的规则、标准或约定的集合即称为网络协议，简称协议。Internet 所采用的协议是 TCP/IP 协议族，其核心由 TCP（Transmission Control Protocol，传输控制协议）和 IP（Internet Protocol，因特网互联协议）组成。简单来说，TCP 负责保证数据传输的可靠性，一旦出现问题就发出信号，要求重新传输，直到所有数据安全正确地传输到目的地；而 IP 是负责给因特网的每一台计算机规定一个地址，并负责为数据通过网络选择合适的路径。

所有接入 Internet 的计算机必须遵从 TCP/IP。

2. IP 地址与子网掩码

众所周知，在电话通信中，电话用户是靠电话号码来识别的。同样，在网络中为了区别不同的计算机，也需要给计算机指定一个号码，这个号码就是"IP 地址"。全世界的电话号码都是唯一的，IP 地址也是一样。

　　Internet 上的每台主机（Host）都有一个唯一的 IP 地址。它们就是使用这个地址在主机之间传递信息，这是 Internet 能够运行的基础。IP 地址长度为 32 位（目前 IP 地址仍然采用的是 v4 版本，称为 IPv4，下一代的 IP 地址为 IPv6，长度将延长至 128 位），为了读记方便通常分为 4 段，每段 8 位，使用"点式十进制数字"表示，每段数字范围为 0～255，各段之间用句点隔开，例如：

IP 地址	11000000	10101000	00001010	00001100
用点式十进制数字表示为	192 .	168 .	10 .	12

　　IP 地址由两部分组成，一部分为网络号，另一部分为主机号，其中网络号代表了该主机所属的网络段编号，网络号相同的主机属于同一个网络。所以，保留一个 IP 地址的网络号部分，并将主机号部分的所有位均置为 0，这样得到的地址称为该主机所在网络的网络地址。

　　如何来确定一个 IP 地址中的哪些位是属于网络号部分？这需要子网掩码与 IP 地址结合使用来确定。

　　子网掩码又叫网络掩码，用来指明一个 IP 地址的哪些位标识的是主机所在的网络。子网掩码不能单独存在，它必须结合 IP 地址一起使用。与 IP 地址相同，子网掩码由 1 和 0 组成，且 1 和 0 分别连续。子网掩码的长度也是 32 位，左边是网络位，用二进制数字"1"表示，所以，1 的数目等于网络位的长度；右边是主机位，用二进制数字"0"表示，0 的数目等于主机位的长度。

　　例如，某台主机的 IP 地址和子网掩码设置如图 6-2 所示，确定这台主机所属的网络地址，具体步骤如下。

　　◉ 使用下面的 IP 地址(S)：
　　IP 地址(I)：　　　　192 .168 .10 .12
　　子网掩码(U)：　　　255 .255 .255 .0

图 6-2　某主机的 IP 地址和子网掩码

　　1）将 IP 地址与子网掩码转换为二进制表示。

十进制表示法	二进制表示法			
192.168.10.12	11000000	10101000	00001010	00001100
255.255.255.0	11111111	11111111	11111111	00000000

　　2）分别找出 IP 地址中与子网掩码中的"1"和"0"相对应的部分，这里是前 24 位和后 8 位。

与子网掩码中的"1"对应的部分（前24位）	11000000 10101000 00001010
与子网掩码中的"0"对应的部分（后8位）	00001100

　　3）取出 IP 地址中的前 24 位数字，并将后 8 位都置为 0，即得到该 IP 地址所在的网络地址，11000000 10101000 00001010 00000000，即 192.168.10.0。

3．域名

在 Internet 上通过给每台主机分配一个全网唯一的 IP 地址可以区分每一台主机。由于 IP 地址是数字标识，使用时难以记忆和书写，用户一般通过"域名"（Domain Name）来访问 Internet 上的主机。域名是与给定的 IP 地址对应的字符型名称。并不是因特网上的每台主机都拥有域名，一般来说，只有为其他用户提供网络服务的单位、个人才申请域名，域名是上网单位的名称。如"新浪网"主页的 IP 地址是 202.108.33.88，域名为"www.sina.com.cn"，由此可见，使用域名较使用 IP 地址来访问新浪网站要轻松多了。

域名可分为不同级别，包括顶级域名、二级域名等，各级域名之间用句点"."隔开。

（1）顶级域名

顶级域名又分为两类。一是国家顶级域名，目前 200 多个国家都按照 ISO3166 国家代码分配了顶级域名，例如，中国是 cn，英国是 uk，加拿大是 ca 等。二是国际顶级域名，例如，表示工商企业的 com，表示网络提供商的 net，表示非营利组织的 org 等。常见的国际顶级域名如表 6-2 所示。

表 6-2　常见国际顶级域名类型

域　名	含　义	域　名	含　义
com	公司	net	网络公司
edu	教育部门	gov	政府部门
mil	军事部门	org	非营利组织

（2）二级域名

二级域名是指顶级域名之下的域名。在国际顶级域名下，它是指域名注册人的网上名称，如 baidu、ibm、microsoft 等，需要向相应的域名管理机构进行申请注册；在国家顶级域名下，它是表示注册企业类别的符号（此时将前述国际顶级域名作为国家顶级域名下的二级域名），如 com、edu、gov、net 等。

（3）三级域名

三级域名用字母（A～Z，a～z）、数字（0～9）和连接符（-）组成，长度不能超过 20 个字符。如无特殊原因，一般采用申请人的英文名（或缩写）或汉语拼音名（或缩写）作为三级域名，以保持域名的清晰和简洁。

（4）主机

主机是最后一层，由各个域的管理员自行建立，不需要通过域名管理机构。

例如，以"新浪网"为例，各级域名如下。

4．DNS 服务

DNS（Domain Name Server，域名服务器）是进行域名和与之相对应的 IP 地址转换的服务器。DNS 中保存了一张域名和与之相对应的 IP 地址的表，使用此表，可以将域名转换为对应的 IP 地址。

　　例如，用户想访问"百度"网页，在浏览器地址栏输入其域名 www.baidu.com，系统会自动访问 DNS 服务器，查表得到其对应的 IP 地址（182.61.200.6），然后使用得到的 IP 地址去查找访问百度主机。

6.2　获取 Internet 上的信息

　　Internet 上信息丰富，Web 页面之间通常以超级链接的形式联系起来，可以浏览 Web 世界多姿多彩的内容，获取自己需要的信息和服务。

6.2.1　IE 浏览器

　　IE 浏览器用来访问 Web 上的资源，读取具有超文本特性文件的程序称为"浏览器"（Browser）。浏览器是一种应用软件，用于显示 Web 上的内容。目前，市场上的 Web 浏览器产品多数是免费的，可以在 Internet 上方便地得到。其中，较为流行的有 Microsoft 公司的 Internet Explorer（简称 IE），Google 公司的 Chrome，苹果公司的 Safari，Mozilla 的火狐 Firefox，360 公司的 360 浏览器及腾讯公司的 QQ 浏览器等，如图 6-3 所示。现以 IE 11.0 为例，介绍 Web 浏览器的使用。

IE　　　　Chrome　　　　Safari　　　　Firefox　　　　360

图 6-3　常见 Web 浏览器图标

1．IE 浏览器的界面要素

IE 启动之后，将出现如图 6-4 所示的窗口界面。

图 6-4　IE 窗口界面

2．设置和更改主页

IE 的主页就是每次启动 IE 时，自动打开的 Web 页面。一般来说，应该把用户最常访问的网页设置为 IE 的主页。这样，每次上网打开 IE 时，就可直达用户最喜爱的站点了。例如，可以把百度网的首页（https://www.baidu.com）作为自己的主页，这样每次打开 IE 浏览器时，可以顺便查看最新的信息。

设置和更改主页的步骤如下。

1）打开 IE 浏览器，选择"工具"→"Internet 选项"选项，出现如图 6-5 所示的"Internet 选项"对话框，选择"常规"选项卡，在"主页"选项组的"地址"文本框中输入要设置的地址，如输入百度网的地址 https://www.baidu.com。

2）单击"确定"按钮。

另外，也可以采用下面的步骤来设置主页。

1）登录希望设置为主页的 Web 网页。

2）选择"工具"→"Internet 选项"选项，出现如图 6-5 所示的对话框，选择"常规"选项卡，在"主页"选项组中单击"使用当前页"按钮。

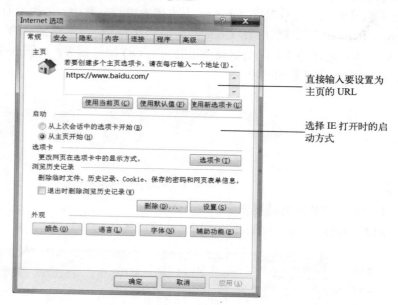

图 6-5 "Internet 选项"对话框

3）单击"确定"按钮。

3．删除浏览的历史记录

用户最近浏览过的网页会被存放在本地计算机的一个名为"Temporary Internet Files"的临时文件夹中，当再次浏览某个网页时，IE 可以从临时文件夹中读取该 Web 页的相关信息，而不用每次访问同一个网页时都重新下载，从而提高了浏览效率，节省了时间。但是，有时如果硬盘的可用存储空间过小，而存储的临时文件过多，也会影响用户使用计算机，这就需要删除一些临时文件。所以，要合理设置和处理临时文件及其所在的文件夹。

1）打开 IE 浏览器，选择"工具"→"Internet 选项"选项，选择"常规"选项卡，查看"浏览历史记录"选项组，如图 6-5 所示。

2）单击"删除"按钮，打开如图 6-6 所示的"删除浏览历史记录"对话框，可以根据需要，选择删除相应的文件。

4.Internet 临时文件的管理与设置

在图 6-5 的"浏览历史记录"选项组中，单击"设置"按钮，打开如图 6-7 所示的"网站数据设置"对话框，"Internet 临时文件"选项卡中各选项的设置方法如下。

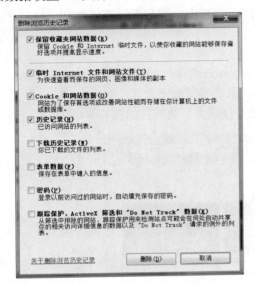

图 6-6　"删除浏览历史记录"对话框

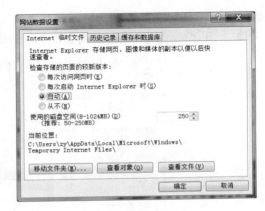

图 6-7　"网站数据设置"对话框

1）在"检查存储的页面的较新版本"中，各选项的含义如下。

● 选中"每次访问网页时"单选按钮，则浏览器每次都会给所要访问的页面的 Web 服务器发送信息，检查当前访问的信息是否有变化。若无变化，则从硬盘中直接调用；否则，重新下载网页。

● 选中"每次启动 Internet Explorer 时"单选按钮，则只在打开 IE 浏览器时发送一次信息给 Web 服务器，进行验证，以后再访问该网页，无论页面信息是否变动，均只从硬盘中直接调用所要访问的网页信息。

● 选中"自动"单选按钮，浏览器将自己决定是否检查要访问的页面信息是否有变动。一般情况下，浏览器会给所要访问的页面的 Web 服务器发送信息，检查当前访问的信息是否有变化。但是，随着时间的推移，如果 IE 确定网页更新并不频繁，则它会决定减少检查该网页的频率。

● 选中"从不"单选按钮，当用户查看已访问过的网页时，浏览器不检查该网页是否已更新，直接从硬盘中调用该网页。

其中，系统的默认选项是"自动"。

2）通过调节"使用的磁盘空间"，指定临时文件夹所占磁盘空间大小。

3）单击"移动文件夹"按钮，可以重新指定临时文件的存放位置。

4）单击"查看对象"按钮，可以打开"Downloaded Program Files"文件夹窗口，查看已下载到本地计算机中的 ActiveX 控件和 Java 控件。

5）单击"查看文件"按钮，可以打开"Temporary Internet Files"文件夹窗口，查看其中的临时文件，包括 HTML 文件、图形文件、Cookie 文件等。

设置完成后，单击"确定"按钮。

5．使用和管理收藏夹

在浏览 Web 网页时，经常会发现一些有价值或很有趣的站点和 Web 页，如果希望以后能够快速打开这些网页，可以在访问时将其添加到收藏夹中，用户可以方便地利用收藏夹浏览自己所需的信息。

（1）添加 Web 地址

当用户在浏览新浪旅游网页（https://travel.sina.com.cn/）时，如果对这个 Web 页的信息感兴趣，可以将此 Web 页的地址添加到收藏夹中，具体步骤如下。

1）打开"新浪网—旅游"网页，单击浏览器"收藏夹"菜单，如图 6-8 所示。

图 6-8　"收藏夹"菜单

2）选择"添加到收藏夹"命令，弹出如图 6-9 所示的"添加收藏"对话框。

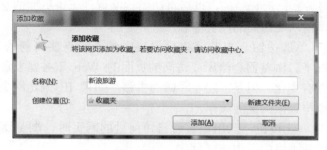

图 6-9　"添加收藏"对话框

3）在"名称"文本框中输入为当前网页定义的名称"新浪旅游"。

4）单击"新建文件夹"按钮，可以创建一个新的文件夹。

5）单击"创建位置"旁的下拉按钮，可以选择当前网页的保存位置。

（2）使用收藏夹

用户可以利用收藏夹中保存的网页地址，快速访问该网页。例如，要快速访问上述的"新浪旅游"网页，可执行以下操作。

如图 6-10 所示，选择"收藏夹"→"新浪旅游"选项，即可快速到达如图 6-8 所示的网页（https://travel.sina.com.cn/）。

图 6-10　使用收藏夹

（3）整理收藏夹

实际上，收藏夹是一个默认保存在 C 盘上的、名称为"Favorites"的文件夹。经过一段时间后，需要对保存在收藏夹中的文件进行整理。选择"收藏夹"→"整理收藏夹"命令，或单击"收藏夹"按钮，弹出"收藏夹"列表。在某项上右击，弹出快捷菜单，可以像对文件或文件夹那样进行"重命名""删除"等操作，如图 6-11 所示。

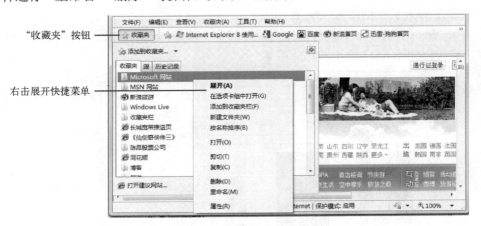

图 6-11　整理收藏夹

6. 保存 Web 页信息

在 Internet 上浏览信息时，有时需要将 Web 页中的部分或全部信息保存到计算机中，下面介绍保存 Web 页中信息的方法。

保存 Web 页信息包括保存整个 Web 页、保存 Web 页中的文本、保存 Web 页中的图像和某些动画等。

（1）保存整个 Web 页

用户可以将整个 Web 页的信息保存下来，也可以将其中的某一类信息（如文本）全部保存下来，具体步骤如下。

1）打开 Web 页面后，选择"文件"→"另存为"命令。

2）选择网页的保存位置、名称、保存类型和编码。

单击"保存类型"右侧的下拉按钮，会出现如图 6-12 所示的下拉列表，选择其中一种类型即可。各类型含义如下。

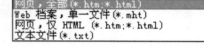

图 6-12　Web 页的保存类型

- "网页，全部"选项将按原始格式保存文件的所有内容。
- "Web 档案，单一文件"选项将保存当前网页的可视信息。
- "网页，仅 HTML"选项保存网页信息，但它不保存图像、声音或其他文件。
- "文本文件"选项将以纯文本格式保存网页信息。

3）单击"保存"按钮。

（2）保存 Web 页中的部分文本

在 Web 页中，有时只需要保存部分文本的信息，具体操作如下。

1）通过拖动鼠标，选择需要保存的内容，右击选择部分，从弹出的快捷菜单中选择"复制"命令。

2）启动某文字处理软件，如 Word、记事本等，通过"粘贴"命令，将内容从剪贴板粘贴到新文件中。

3）使用该文字处理软件，进行编辑、保存操作。

（3）保存 Web 页上的图像或动画

当浏览 Web 页时，如果只想保存页面上的一个图像，则选择要保存的图像，然后右击该图像，将弹出如图 6-13 所示的快捷菜单。

图 6-13　保存图像

1）选择"图片另存为"命令，即可完成图片的保存。

2）选择"复制"命令，然后启动某图形编辑、处理软件，如 Windows 系统中画图、Adobe 的 Photoshop 等，也可以打开 Word 程序，利用"粘贴"命令，将上述图片粘贴到新文件中，再使用该软件进行编辑、保存操作。

7．打印 Web 页

Web 页中的信息也可以直接使用打印机打印出来，具体步骤如下。

1）若要打印全部内容，可选择"文件"→"打印"命令，弹出"打印"对话框，设置好各项内容，单击"确定"按钮。

2）若只要选择网页中的部分内容打印，则先选择要打印的内容（包括文本和图像），然后右击，在弹出的快捷菜单中选择"打印"命令即可。

6.2.2　资源下载

Internet 上有很多有用的文件，如免费软件、图片集、歌曲及视频文件等，将网络上的文件保存到本地计算机上的过程，称为文件的"下载"（Download）。下载文件的基本方法有使用浏览器直接下载和利用断点续传工具下载等。

1．使用浏览器下载

使用浏览器下载就是用浏览器内置的文件下载功能，不需要借助于任何第三方软件就可以完成文件下载任务。但是，如果在文件下载过程中网络连接中断，下载任务必须重新开始。这种方法仅适用于下载文件不太大，网络连接较稳定的情况。

利用浏览器下载文件的步骤如下。

1）单击与要下载文件对应的超链接，弹出"文件下载"对话框，如图 6-14 所示。

2）单击"保存"按钮，弹出"另存为"对话框，按照系统提示，选择文件的存放位置、输入文件名等。单击"保存"按钮，出现如图 6-15 所示对话框，显示下载文件的进度。

3）如果在"下载进度"对话框中选中了"下载完毕后关闭该对话框"复选框，那么文件下载任务结束后，该对话框将自动关闭，否则需要人工关闭该对话框。

图 6-14　"文件下载"对话框

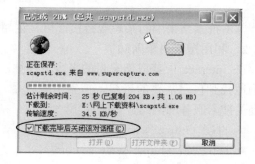

图 6-15　"下载进度"对话框

2．使用断点续传工具下载文件

断点续传是指下载过程中断后，再次下载时可以接着上次中断的位置继续下载。常用的下载工具有迅雷（Thunder）、快车（FlashGet）及电驴（eMule）等，这些下载工具可以在Internet 上方便地下载得到。

6.2.3 搜索引擎的使用

Internet 上的信息是如此丰富、庞杂，任何人都无法浏览所有的网页。所以，如何快速、有效地找到自己需要的信息，一直是人们关注的问题。搜索引擎（Search Engine）正是为解决这一问题而出现的一种 Internet 服务。借助于搜索引擎，会使信息的搜索变得更加容易和全面。

搜索引擎收集了千千万万个站点链接，并将它们分门别类，通过其强大的信息管理能力，帮助上网用户找到自己需要的信息。

下面详细介绍搜索引擎的使用方法。

1．利用"搜索"栏

在如图 6-4 所示的浏览器窗口的右侧"搜索"栏中，输入要查询的内容，如"计算机等级考试"，然后单击"搜索"按钮，将打开如图 6-16 所示的"必应"搜索引擎网页。

图 6-16 "必应"搜索引擎的搜索结果

单击搜索结果中的某超级链接，可直达相应网站。

2．利用搜索引擎网站

在 Internet 上获取信息量的多少，往往取决于查询的方法适当与否。如果想要及时而又准确地找到自己需要的资料，搜索引擎就是一件必不可少的上网利器。Internet 上有一些专门提供搜索服务的网站，分别如下。

- 百度（https://www.baidu.com）。
- 360 搜索（https://www.so.com/）。
- 搜狗搜索（https://www.sogou.com）。
- 微软 Bing 搜索-国内版（https://cn.bing.com）。
- 腾讯搜搜（https://www.soso.com）。
- 谷歌（https://www.google.com）。

有些搜索引擎提供了分类索引，只要找准类别后，一层一层打开即可。多数搜索引擎网站的搜索方式主要为按关键词查询。

"关键词查询"是用所需信息的主题（关键词）进行查询的方法，下面以"百度"网站为例介绍这种查询方法的具体步骤。

1）在 URL 地址栏中输入网址 https://www.baidu.com，打开百度首页窗口。

2）在检索框内输入欲查询信息的主题，如"鲁迅"，如图 6-17 所示。

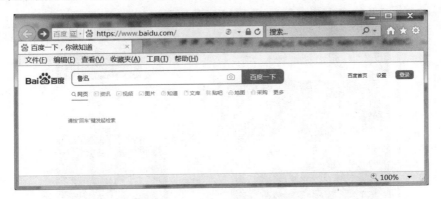

图 6-17　输入搜索关键词

3）在搜索栏下方，有"网页""资讯""视频""图片""文库"等项目，如图 6-17 所示，可以根据需要选择相应类型，这里选择默认的"网页"类型。

4）单击"百度一下"按钮，会出现如图 6-18 所示的搜索结果。

图 6-18　网页类型的搜索结果

5）单击"图片"选项卡，则会显示如图 6-19 所示的图片搜索结果。

图 6-19　图片类型的搜索结果

6）为了更全面地概括查询请求，还可以选择多个词作为搜索词，这些词之间用空格隔开即可。例如，要查找鲁迅的杂文，可以在搜索栏输入"鲁迅 杂文"即可出现如图 6-20 所示的搜索结果。

图 6-20　输入"鲁迅 杂文"的搜索结果

6.3　习题

一、选择题

1. 计算机网络的目标是实现（　　　）。

　A. 数据处理
　B. 数据传输与处理
　C. 文献查询
　D. 资源共享与信息传输

2. TCP/IP 是一种（　　　）。

　A. 网络操作系统　　B. 网络文件　　C. 网络协议　　D. 网络结构

3. Internet 采用的标准网络协议是（　　　）。

　A. IPX/SPX　　B. TCP/IP　　C. NETBEUI　　D. 以上都不是

4. 世界上出现的最早计算机网络是（　　　）。

　A. Internet　　B. ARPAnet　　C. 以太网　　D. 令牌环网

5. 广域网和局域网是按照（　　　）来分的。

　A. 网络使用者
　B. 信息交换方式
　C. 网络作用范围
　D. 传输控制协议

6. 局部地区通信网络简称局域网，英文缩写为（　　　）。

　A. WAN　　B. MAN　　C. SAN　　D. LAN

7. 广域网的英文缩写为（　　　）。

　A. WAN　　B. MAN　　C. SAN　　D. LAN

8. 局域网的拓扑结构最主要有星形、（　　　）和总线型三种。

　A. 链形　　B. 网状形　　C. 环形　　D. 层次型

9. 一般来说，校园网按照空间分类属于（　　　）

　A. 多机系统　　B. 局域网　　C. 城域网　　D. 广域网

10. 在局域网的传输介质中，传输速度最快的是（　　　）。

　A. 双绞线　　B. 光纤　　C. 同轴电缆　　D. 电话线

11. 在局域网的传输介质中，目前使用最广的是（　　　）。

　A. 双绞线　　B. 光纤　　C. 同轴电缆　　D. 电话线

12. IP 的主要功能是（　　　）。

　A. 对数据进行分组
　B. 确保数据传输的有效性
　C. 确定数据传输路径
　D. 提高数据传输速度

13. TCP 的主要功能是（　　　）。

　A. 对数据进行分组
　B. 确保数据传输的可靠性
　C. 确定数据传输路径
　D. 提高数据传输速度

14. Internet 的缺点是（　　　）。

　A. 不够安全
　B. 不能传输文件
　C. 不能实现实时对话
　D. 不能传输声音

15. 在 Internet 上用来唯一标识主机的是（　　　）。

　A. 域名
　B. IP 地址

C．统一资源定位符　　　　　　　　　D．物理地址

16．关于 IP 地址，叙述的错误是（　　）。

  A．IP 地址是长度为 32 位的二进制数

  B．Internet 上的每台主机都有一个唯一的 IP 地址

  C．域名是与给定的 IP 地址对应的字符型的名称

  D．IP 地址用点式十进制表示时，每段数字范围是 0～256

17．Internet 的概念叙述错误的是（　　）。

  A．Internet 即国际互联网　　　　　B．Internet 具有网络资源共享的特点

  C．是最大的互联网络　　　　　　　D．Internet 是局域网的一种

18．"http://www.hziee.edu.cn/index.html" 中的 "www.hziee.edu.cn" 是指（　　）。

  A．一个主机的域名　　　　　　　　B．一个主机的 IP 地址

  C．一个 Web 主页　　　　　　　　　D．一个 IP 地址

19．下列关于 IE 浏览器收藏夹的说法中，正确的是（　　）。

  A．IE 浏览器的收藏夹不可以复制，因为它是 IE 的一个组件

  B．IE 浏览器的收藏夹不可以复制，因为它是 Windows 的一个组件

  C．IE 浏览器的收藏夹可以复制，因为它是一个文件夹

  D．IE 浏览器的收藏夹可以复制，因为它是一个文件

20．因特网利用浏览器，查看某 Web 主页时，在地址栏中也可填入（　　）格式的地址。

  A．210.37.40.54　　　　B．198.4.135　　　　C．128.AA.5　　　　D．210.37.AA.3

二、上机练习题

1．IE 浏览器练习。

1）打开 Internet Explorer 浏览器。

2）通过在地址栏输入网址的方法，打开网址为 https://www.sina.com.cn 的网页。

3）将该网页以"新浪网"的名称保存在收藏夹中。

4）打开网址为 https://www.baidu.com 的网页。

5）通过在收藏夹，打开网址为"新浪网"的网页。

6）将"新浪网"设置为主页。

2．信息搜索。

1）搜索下列信息，并制作成 Word 文档，文件名自定。

● 民国作家胡适、林语堂、徐志摩、张爱玲等的生平、作品。

● 有关环境问题，如大气污染、水环境污染、垃圾处理、土地荒漠化和沙灾、水土流失、旱灾和水灾、生物多样性破坏等问题。

● 介绍当今热门人物。

● 其他感兴趣的内容。

2）搜索航班信息，如北京国际机场至上海虹桥机场，包括航班号、起飞时间、价格等，制成 Excel 工作簿，文件名自定。

3）搜索自己喜欢的 MP3 歌曲，并下载。

4）使用"百度地图（https://map.baidu.com）"或"Google 地图"，搜索在北京市区内，

由中华女子学院出发，到达首都图书馆（朝阳区）的公交及驾车路线，屏幕截图并使用画图程序保存，文件名自定。

3．练习使用断点续传软件（如迅雷、电驴等）。

1）下载断点续传软件：使用搜索引擎（如"百度"），输入关键字（如"迅雷下载"），查找到下载网站，完成安装文件的下载。

2）安装断点续传软件：双击运行该安装文件，根据向导完成软件安装工作。

3）使用断点续传软件：练习使用该软件，进行免费音乐与视频的下载。

三、思考题

1．什么是计算机网络？

2．计算机网络按覆盖的地理范围大小可分为哪几种类型？

3．因特网提供的服务有哪些？你使用最多的服务是什么？

4．什么是搜索引擎？简述搜索引擎的作用。

5．局域网的拓扑结构有哪些？比较局域网的常用传输介质的特点。

附　　录

附录 A　练习

Word 练习一

按照图 A-1 所示，输入文字，格式做如下设置。

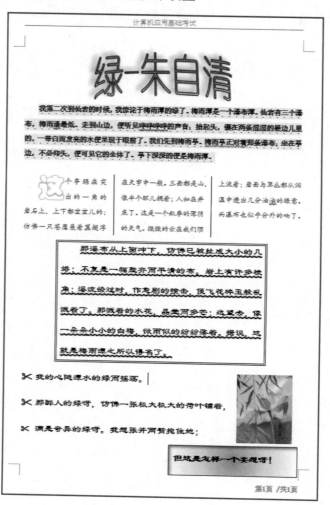

图 A-1　Word 样文 1

1）页面布局。纸张大小：A4；页边距：上、下均为 1.27 厘米，左、右为 3.2 厘米；页眉、页脚距边界均为 1.8 厘米。

2）页眉页脚设置。页眉内容"计算机应用基础考试"，宋体，五号，红色，水平居中。页脚插入"第 X 页，共 X 页"，宋体，五号，加粗，深蓝色，右对齐。

3）第 1 段：宋体，加粗，五号，红色，加着重号。段落两端对齐，首行缩进 2 字符，段后 1 行，1.5 倍行距。"黄色"文字底纹。

4）第 2 段：楷体，五号，蓝色。段落两端对齐，首行缩进 2 字符，段后 1 行，1.5 倍行距。段落分等宽三栏，加分隔线。首字下沉 3 行，字体华文彩云，橙色。

5）第 3 段：隶书，四号。加双波浪形下划线（如样文所示）。段落两端对齐、首行缩进 2 字符，左右各缩进 2 厘米，段前 3 磅。红色双线边框。

6）第 4～6 段：隶书，四号。段落两端对齐，段前 0.5 行，1.5 倍行距。设置如样文所示项目符号，项目符号颜色为深红，字形加粗。

7）艺术字：添加艺术字"绿-朱自清"，艺术字样式 1，幼圆，32 号，加粗；文本效果："转换-弯曲-上翘"；文本填充：渐变填充，自行选择颜色并调整渐变光圈，类型："路径"；文本轮廓：标准色"红色"，实线 1.5 磅；阴影："外部-偏移：下"，阴影颜色："紫色"；文字环绕："上下型"。将设置好的艺术字放在样文所示位置，水平居中。

8）图片：将图片移到合适位置，适当调整其大小。

9）文本框：插入一横排文本框，文本框内部文字为"但这是怎样一个妄想呀！"，文字隶书，加粗，四号。文本框高度 1.6 厘米，宽度 6.76 厘米。形状填充："渐变-变体-从中心"；形状轮廓："紫色"；形状效果："阴影-内部-左上"；文字环绕："四周型"。将设置好的文本框放在样文所示位置。

Word 练习二

按照图 A-2 所示，输入文字，格式做如下设置。

1）页面设置。纸张大小：A4；页边距：上、下均为 1.27 厘米，左、右均为 3.2 厘米；页眉、页脚距边界均为 0.5 厘米。

2）页眉页脚设置。页眉内容"计算机应用基础考试"，宋体，五号，深蓝色，水平居中。页脚内容"第 1 页"，宋体，五号，红色，右对齐。

3）第 1 段：楷体，小四号，蓝色；"橙色"下划线（如样文所示）；段落两端对齐，首行缩进 2 字符，1.5 倍行距，加深红色边框，边框线宽度 2.25 磅。

4）第 2 段：楷体，小四号，红色，加粗。段落两端对齐，首行缩进 2 字符，行距为固定值 25 磅。段落分等宽两栏，加分隔线。首字下沉 3 行，字体华文彩云，浅蓝色。

5）第 3 段：隶书，四号；"浅绿"段落底纹。段落两端对齐、首行缩进 2 字符，左右各缩进 0.5 厘米，段后 0.5 行，单倍行距。

6）第 4～7 段：宋体，五号；单倍行距；设置如样文所示项目符号，项目符号颜色为红色，字形加粗。

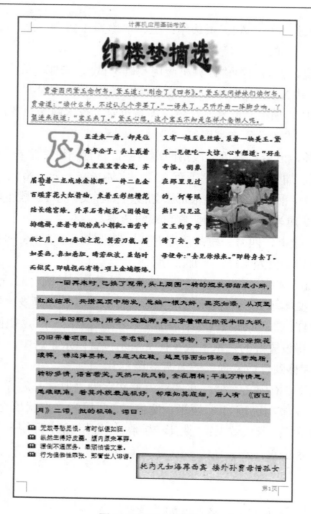

图 A-2　Word 样文 2

7）艺术字：添加艺术字"红楼梦摘选"，艺术字样式 1；隶书，36 号，加粗；文本效果："转换-弯曲-朝鲜鼓"；文本填充："深红"；文本轮廓："紫色"；阴影："外部-偏移：右"，阴影颜色："橙色"；文字环绕："上下型"，下边距正文 0.5 厘米。将设置好的艺术字放在样文所示位置，水平居中。

8）图片：将图片移到合适位置，适当调整其大小。

9）文本框：插入如样文所示文本框，输入文字"托内兄如海荐西宾 接外孙贾母惜孤女"，文本为四号、楷体；根据文字调整形状大小，文本框内部边距上下左右均为 0.2 厘米。形状填充："纹理-蓝色面巾纸"；形状轮廓："深蓝"，1 磅；形状效果："阴影-内部-内部：左上"；文字环绕："衬于文字下方"。设置好的文本框放在样文所示位置。

Word 练习三

按照图 A-3 所示，输入文字，格式做如下设置。

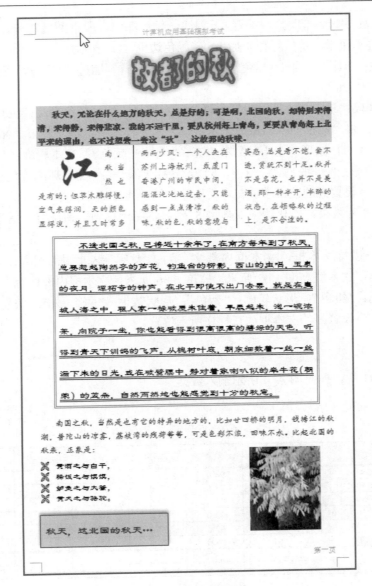

图 A-3　Word 样文 3

　　1）页面设置。纸张大小：A4；页边距：上、下均为 1.27 厘米，左、右均为 3.2 厘米；页眉、页脚距边界均为 1 厘米。

　　2）页眉页脚设置。页眉内容"计算机应用基础模拟考试"，宋体，五号，蓝色，水平居中。页脚内容"第一页"，宋体，五号，红色，右对齐。

　　3）第 1 段：华文中宋，小四号，加粗，红色。段落两端对齐，首行缩进 2 字符，行距为固定值 20 磅；"橙色"段落底纹。

　　4）第 2 段：楷体，小四号，蓝色。段落两端对齐，首行缩进 2 字符，行距为固定值 20 磅。段前、段后各 3 磅。段落分等宽三栏，加分隔线。首字下沉 3 行，字体华文行楷，红色。

5）第 3 段：隶书，四号。加双线下划线，颜色深红。段落两端对齐、首行缩进 2 字符，左右各缩进 1 厘米，单倍行距。加 1.5 磅绿色边框（如样文所示）。

6）第 4 段：楷体，小四号，紫色。段落两端对齐，首行缩进 2 字符，段前段后均为 0.5 行，行距为固定值 20 磅。

7）第 5～8 段：隶书，小四。设置如样文所示编号，编号颜色为深蓝色。

8）艺术字：将"故都的秋"做成艺术字，艺术字样式 1；华文彩云，36 号，加粗；文本效果："转换-弯曲-波形：上"；文本填充："无填充颜色"；文本轮廓："蓝色"，实线，2.25 磅；文本阴影："外部-偏移：右"，阴影颜色："深红"；文字环绕："上下型"，下边距正文 0.5 厘米。将设置好的艺术字放在样文所示位置，水平居中。

9）图片：图片效果：柔化边缘变体 2.5 磅；将图片移到合适位置，适当调整大小，版式为"四周型"。

10）插入一横排文本框，文本框内部文字为"秋天，这北国的秋天…"，文本为小三号、隶书，红色；文本框高度 1.62 厘米，宽度 6.36 厘米。文本框内部边距上下左右均为 0.2 厘米。形状填充："橙色"；形状轮廓："紫色"；形状效果："阴影-外部-偏移：上"；文字环绕："四周型"。将设置好的文本框放在样文所示位置。

Excel 练习一

1）在 Sheet1 中，按照图 A-4 所示输入数据。

	A	B	C	D	E	F	G	H
1	计算机系2020级期末考试成绩表							
2	学号	姓名	高等数学	大学语文	英语	政治	总成绩	总评
3	12005001	张翔	97.0	94.0	93.0	93.0		
4	12005002	唐玉	80.5	73.0	69.0	87.0		
5	12005003	张雷	65.0	71.0	67.0	75.0		
6	12005004	韩文琦	94.0	87.0	93.0	81.0		
7	12005005	郑俊秀	89.0	62.5	77.0	85.0		
8	12005006	马云燕	91.0	68.0	76.0	82.0		
9	最高分							
10	最低分							

图 A-4　Excel 样表 1

2）使用公式与函数计算出"最高分""最低分""总成绩"和"总评"的值。其中，"总评"的计算方法如下：以"总成绩"列为标准，320（含）以上为"A"；280（含）～320 为"B"；小于 280 为"C"。

3）设置格式。

● 主题：Office。

● 标题：字体为华文彩云、字号 18，水平合并后居中，垂直居中。

● 第 3～10 行行高为 16，C～G 列列宽为 10。

● 所有中文字体为幼圆，西文字体为 Times New Roman。

- 表头（A2:H2）：填充颜色为"蓝色，个性色5，淡色60%"。
- 各单元格内数据水平居中，所有数值均保留1位小数。
- 为表格设置如图A-4所示的边框线。

4）使用Sheet 1中的数据制作如图A-5所示的图表。

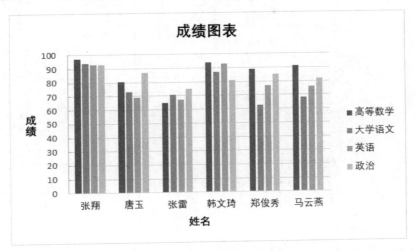

图A-5　Excel图表1

5）将Sheet 1中数据区（A2:H8）的内容复制到Sheet 2工作表的相同区域。

6）在Sheet 2工作表中，按照"总成绩"由高到低排序，当总成绩相同时，按照学号由小到大的顺序排列。然后使用自动筛选功能，筛选出"数学"成绩在90分以上的记录。

7）将Sheet 2工作表更名为"排序与筛选"。

8）使用图A-6所示的表格，运用分类汇总统计各系部总成绩的平均值，结果如图A-7。

	A	B	C	D	E	F	G	H
1	学号	姓名	系部	高等数学	大学语文	英语	政治	总成绩
2	12005001	张翔	计算机系	97.0	94.0	93.0	93.0	377.0
3	12005002	唐玉	电子系	80.5	73.0	69.0	87.0	309.5
4	12005003	张雷	机械系	65.0	71.0	67.0	75.0	278.0
5	12005004	韩文琦	计算机系	94.0	87.0	93.0	81.0	355.0
6	12005005	郑俊秀	金融系	89.0	62.5	77.0	85.0	313.5
7	12005006	马云燕	金融系	91.0	68.0	76.0	82.0	317.0
8	12005007	王晓燕	电子系	86.0	79.0	80.5	93.0	338.5
9	12005008	孙丽丽	机械系	93.5	73.5	78.0	88.0	333.0
10	12005009	李广林	计算机系	82.0	84.0	60.0	86.0	312.0
11	12005010	马立群	电子系	55.0	59.0	78.0	76.5	268.5

图A-6　Excel样表2

1 2 3		A	B	C	D	E	F	G	H
	1	学号	姓名	系部	高等数学	大学语文	英语	政治	总成绩
	2	12005002	唐玉	电子系	80.5	73.0	69.0	87.0	309.5
	3	12005007	王晓燕	电子系	86.0	79.0	80.5	93.0	338.5
	4	12005010	马立群	电子系	55.0	59.0	78.0	76.5	268.5
	5			电子系 平均值					305.5
	6	12005003	张雷	机械系	65.0	71.0	67.0	75.0	278.0
	7	12005008	孙丽丽	机械系	93.5	73.5	78.0	88.0	333.0
	8			机械系 平均值					305.5
	9	12005001	张翔	计算机系	97.0	94.0	93.0	93.0	377.0
	10	12005004	韩文琦	计算机系	94.0	87.0	93.0	81.0	355.0
	11	12005009	李广林	计算机系	82.0	84.0	60.0	86.0	312.0
	12			计算机系 平均值					348.0
	13	12005005	郑俊秀	金融系	89.0	62.5	77.0	85.0	313.5
	14	12005006	马云燕	金融系	91.0	68.0	76.0	82.0	317.0
	15			金融系 平均值					315.3
	16			总计 平均值					320.2

图 A-7　Excel 样表 2 分类汇总结果

Excel 练习二

1）在 Sheet1 工作表中，按照图 A-8 所示输入数据。

	A	B	C	D	E	F	G	H
1		金融系2020级综合测评表						
2		学号	姓名	德育	智育	体育	综合评定	奖学金
3		所占比例		20%	60%	20%		
4		12003001	李莎	88	75	90		
5		12003002	赵敏	90	92	89		
6		12003003	张静	76	80	91		
7		12003004	刘飞	80	87	94		
8		12003005	孙明	79	67	77		
9								
10		奖学金总额						

图 A-8　Excle 样表 3

2）使用公式与函数计算。

● "综合评定"列：按照"德育""智育"和"体育"所占百分比计算。

● "奖学金"列：以"综合评定"列为标准，90 以上（含）时，奖学金=综合评定×10；80（含）到 90 之间，奖学金=综合评定×7；小于 80 时，奖学金=0。

● "奖学金总额"：使用函数计算所有学生的奖学金之和，结果放在 H10 单元格中。

3）设置格式。

● 主题：Office。

● 标题：字体为黑体、字号 14、红色，合并后居中，垂直居中。

● "所占比例"行（B3:F3 区域）字体为"楷体"，字号 10；D3:F3 单元格区域填充颜色为"橙色，个性色 2，淡色 80%"。

- "奖学金总额"行（B10:H10）字体为"楷体"，字号 14；填充颜色为"橙色，个性色 2，淡色 40%"。
- 各单元格内数据水平居中，垂直居中；除"综合评定"列数据保留 1 位小数，其余所有数值均保留为整数。
- 为表格设置如图 A-8 所示的边框线。

4）使用 Sheet 1 中的"姓名"和"奖学金"值制作如图 A-9 所示的图表。

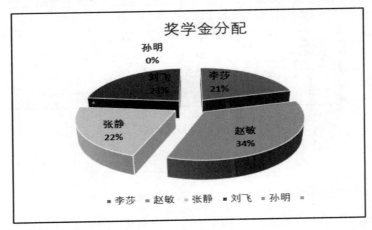

图 A-9　Excel 图表 2

5）将 Sheet 1 中区域（B2:H2，B4:H8）复制到 Sheet 2 工作表中以 A1 单元格开始的区域，并将 Sheet 2 工作表更名为"排序"。

6）在"排序"工作表中，按照"综合测评"由高到低排序。使用高级筛选功能，筛选出"智育"和"体育"成绩均在 85 分以上的记录，并将筛选结果显示在原数据区的下方。

7）使用图 A-10 所示的表格，运用分类汇总统计各年龄段奖学金的总和，结果如图 A-11。

	A	B	C	D	E	F	G	H	I
1	学号	姓名	性别	年龄	德育	智育	体育	综合评定	奖学金
2	12003001	李莎	女	18	88	75	90	80.6	564
3	12003002	赵敏	女	19	90	92	89	91.0	910
4	12003003	张静媛	女	18	76	80	91	81.4	570
5	12003004	刘飞	男	20	80	87	94	87.0	609
6	12003005	孙明	男	20	79	67	77	71.4	0
7	12003006	陈羽翎	女	19	86	85	80	84.2	589
8	12003007	田宏	男	18	82	87	90	86.6	606
9	12003008	王怡欣	女	20	90	89	86	88.6	620
10	12003009	李浩明	男	19	78	76	84	78.0	0
11	12003010	孙晴	女	18	85	90	82	87.4	612

图 A-10　Excel 样表 4

图 A-11　Excel 样表 4 分类汇总结果

Excel 练习三

1）在 Sheet1 工作表中，按照图 A-12 所示输入数据。

图 A-12　Excel 样表 5

2）使用公式与函数计算"月平均值""最大值"和"最小值"行，及"本月盈余"和"本月表现"列的值，其中，"本月表现"列：以"本月盈余"列为标准，大于 100（含）时，本月表现为"好棒啊！"；当盈余为小于 100 的非负数，本月表现为"继续努力！"；当本月盈余为负数时，本月表现为"加油啦！"。

3）设置格式。

● 主题：Office。

● 标题字体为隶书、字号 18，其余各单元格字体、字号取默认值。

● 表头（A3:I3）：文字加粗。

● 按照样文设置各单元格内数据的对齐方式。

● 按照样文设置边框线和填充颜色（自行选择颜色）。

4）使用 Sheet 1 中相关数据值，制作如图 A-13 所示的图表。

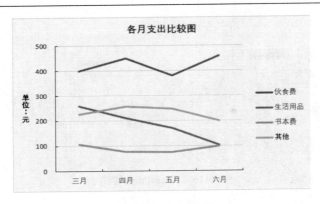

图 A-13　Excel 图表 3

5）将 Sheet 1 工作表的（A3:I7）区域复制到 Sheet 2 工作表中以 A1 单元格开始的区域，并将 Sheet 2 工作表更名为"排序"。

6）在"排序"工作表中，按照"本月盈余"由低到高排序。使用高级筛选功能，筛选出伙食费支出小于 400 元或生活用品费用支出小于 200 元的记录。

7）使用图 A-14 所示的表格，运用分类汇总统计各月份勤工助学的学生人数，结果如图 A-15。

	A	B	C	D	E	F	G	H
1			收入		支出			
2	姓名	月份	固定收入	勤工助学	伙食费	生活用品	书本费	其它
3	郑俊秀	一月	800	200	450	210	76	256
4	赵敏	三月	800	200	350	90	80	177
5	孙丽丽	一月	800	200	450	200	80	262
6	陈悦	二月	800	200	400	220	105	227
7	韩文琦	三月	800	200	400	230	105	225
8	李广林	三月	800	200	400	150	105	256
9	王晓燕	二月	800	200	360	100	76	180
10	马云燕	二月	800	200	380	170	76	246
11	李莎	一月	800	200	460	102	98	198
12	马立群	三月	800	200	420	180	98	239

图 A-14　Excel 样表 6

	A	B	C	D	E	F	G	H
1			收入		支出			
2	姓名	月份	固定收入	勤工助学	伙食费	生活用品	书本费	其它
3	郑俊秀	一月	800	200	450	210	76	256
4	孙丽丽	一月	800	200	450	200	80	262
5	李莎	一月	800	200	460	102	98	198
6		一月 计数		3				3
7	赵敏	三月	800	200	350	90	80	177
8	韩文琦	三月	800	200	400	230	105	225
9	李广林	三月	800	200	400	150	105	256
10	马立群	三月	800	200	420	180	98	239
11		三月 计数		4				4
12	陈悦	二月	800	200	400	220	105	227
13	王晓燕	二月	800	200	360	100	76	180
14	马云燕	二月	800	200	380	170	76	246
15		二月 计数		3				3
16		总计数		10				10

图 A-15　Excel 样表 6 分类汇总结果

PowerPoint 练习一

按照图 A-16 所示，执行以下操作。

图 A-16　PowerPoint 样图 1

1．插入幻灯片

打开 PowerPoint 2016，新建空白演示文稿。

2．编辑第一张幻灯片

1）添加主标题：密室逃脱，副标题：Escape Room。

2）选择主标题，选择"动画"→"进入"→"弹跳"选项，再选择"动画"→"计时"→"开始"→"上一动画之后"选项；选择副标题，选择"动画"→"进入"→"浮入"选项，再选择"动画"→"计时"→"开始"→"上一动画之后"选项。

3）设置幻灯片主题为"肥皂"。

3．插入第二张幻灯片

1）设置幻灯片版式为"标题和内容"。

2）输入标题为：概况；输入两段内容：起源于密室逃脱游戏。2006 年出现密室逃脱相关的影视。

3）选择"插入"→"形状"→"标注"→"云形标注"选项，设置该形状样式为"彩色填充-青绿，强调颜色 3，无轮廓"；调节云形标注的顶点，指向左上方；在云形标注上添加文字：2011 年传入中国。

4．插入第三张幻灯片

1）设置幻灯片版式为"标题和内容"。

2）输入标题为：特点；输入三段内容：只要机关设置巧妙，密室逃脱不需要很大的空间。组队式的合作解谜探索游戏促进朋友之间的友谊。是一种沉浸式游戏，具有更多的是趣味性和社交性。为内容设置如图 A-16 所示的项目符号，选择内容文本框，选择"动画"→"进入"→"浮入"选项，"效果选项"为"按段落"。

PowerPoint 练习二

按照图 A-17 所示，执行以下操作。

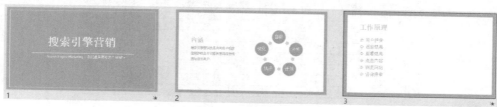

图 A-17　PowerPoint 样图 2

1．插入幻灯片

打开 PowerPoint 2016，新建空白演示文稿。

2．编辑第一张幻灯片

1）添加主标题：搜索引擎营销；副标题：Search Engine Marketing，通常简称为"SEM"。

2）选择主标题，选择"动画"→"进入"→"浮入"选项，再选择"动画"→"计时"→"开始"→"上一动画之后"选项；为主标题添加动画：选择"动画"→"强调"→"彩色脉冲"选项，再选择"动画"→"计时"→"开始"→"上一动画之后"选项，在"动画窗格"中设置"效果选项"→"颜色"→"红色"，"动画文本"→"按字/词"；选择副标题，选择"动画"→"进入"→"浮入"选项，再选择"动画"→"计时"→"开始"→"上一动画之后"选项。

3）设置幻灯片主题为"基础"。

3．插入第二张幻灯片

1）设置幻灯片版式为"内容与标题"。

2）输入标题为：内涵；输入内容：搜索引擎营销就是利用用户检索信息的机会尽可能将营销信息传递给目标用户。

3）选择"插入"→"SmartArt 图形"→"循环"→"基本循环"选项。为循环添加文字：目标、分析、计划、执行、优化。设置各个循环的形状样式为："浅色 1 轮廓，彩色填充-橙色，强调颜色 3"。

4．插入第三张幻灯片

1）设置幻灯片版式为"标题和内容"。

2）输入标题为：工作原理；输入六行文本内容：用户搜索；返回结果；查看结果；点击内容；浏览网站；咨询搜索。为内容设置如图 A-17 所示的项目编号，选择内容文本框。选择"动画"→"进入"→"飞入"选项，再选择"效果选项"→"自右侧"选项；在"动画窗格"中设置"效果选项"→"平滑结束：1 秒"，"动画文本"→"按字母"。

PowerPoint 练习三

按照图 A-18 所示，执行以下操作。

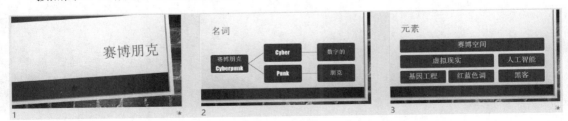

图 A-18　PowerPoint 样图 3

1．插入幻灯片

打开 PowerPoint 2016，新建空白演示文稿。

2．编辑第一张幻灯片

1）添加主标题：赛博朋克。

2）选择主标题，选择"动画"→"进入"→"缩放"选项，再选择"动画"→"计时"→"开始"→"上一动画之后"选项。

3）设置幻灯片主题为"主要事件"。

3．插入第二张幻灯片

1）设置幻灯片版式为"内容与标题"。

2）输入标题为：名词。

3）选择"插入"→"SmartArt 图形"→"层次结构"→"水平层次结构"选项；添加文本内容：赛博朋克 Cyberpunk、Cyber、数字的、Punk、朋克。

4．插入第三张幻灯片

1）设置幻灯片版式为"标题和内容"。

2）输入标题为：元素。选择"插入"→"SmartArt 图形"→"列表"→"表层次结构"选项；添加文本内容：赛博空间、虚拟现实、人工智能、基因工程、红蓝色调、黑客。选择 SmartArt 图形，选择"动画"→"进入"→"淡出"选项，再选择"效果选项"→"逐个级别"选项。